高等职业学校"十四五"规划机电及机器人系列教材

工业机器人现场操作与编程
（第二版）

主　编　吕世霞　周　宇　沈　玲
副主编　陈土军　毛诗柱　张庆乐
　　　　贾丽仕　聂　波　丁度坤
　　　　谢超明　金　鑫

U0279340

华中科技大学出版社
中国·武汉

内 容 简 介

本书由长期从事工业机器人技术教学的一线教师依据其在教学、科研等方面的经验,总结近年来的教学改革与实践,参照当前有关技术标准编写而成。本书围绕工业机器人的操作与编程,以项目任务的形式展现了工业机器人典型案例的实践操作过程。全书分为 8 个项目,含 31 个学习任务,涵盖了工业机器人典型应用系统概述、工业机器人的基础知识、工业机器人的基本操作、工业机器人的坐标设定、工业机器人的编程与调试、工业机器人与外围设备之间的通信、工业机器人的典型应用轨迹设计以及工业机器人的现场总线通信技术等内容。

本书可作为高职高专工业机器人技术应用、机电一体化、自动化类专业工业机器人技术应用课程或相近课程的教材,也可供相关的工程技术人员参考。

图书在版编目(CIP)数据

工业机器人现场操作与编程/吕世霞,周宇,沈玲主编. —2 版. —武汉:华中科技大学出版社,2021.1
(2024.2重印)
ISBN 978-7-5680-6807-9

Ⅰ.①工… Ⅱ.①吕… ②周… ③沈… Ⅲ.①工业机器人-程序设计 Ⅳ.①TP242.2

中国版本图书馆 CIP 数据核字(2021)第 015782 号

工业机器人现场操作与编程(第二版)   吕世霞 周 宇 沈 玲 主编
Gongye Jiqiren Xianchang Caozuo yu Biancheng(Di-er Ban)

策划编辑:余伯仲
责任编辑:戢凤平
封面设计:廖亚萍
责任监印:周治超
出版发行:华中科技大学出版社(中国·武汉)   电话:(027)81321913
　　　　　武汉市东湖新技术开发区华工科技园   邮编:430223
录　　排:华中科技大学惠友文印中心
印　　刷:武汉市洪林印务有限公司
开　　本:787mm×1092mm　1/16
印　　张:11.75
字　　数:295 千字
版　　次:2024 年 2 月第 2 版第 2 次印刷
定　　价:35.80 元

前　言

为了满足新形势下高职教育对高素质技能型专门人才培养的要求,在总结近年来教学实践的基础上,来自北京电子科技职业学院、武汉船舶职业技术学院等多所院校的教学一线教师编写了本书。

本书在内容的选择上注意与企业对人才的要求紧密结合,力求满足学科、教学和社会三方面的需求。根据专业培养目标和学生就业岗位实际,在广泛调研的基础上,本书选取来自生产生活的典型案例为教学载体,并以工作过程为导向,结合高职学生的认知规律,分31个学习任务对工业机器人典型应用系统、工业机器人的基础知识、工业机器人的基本操作、工业机器人的坐标设定、工业机器人的编程与调试、工业机器人与外围设备之间的通信、工业机器人的典型应用轨迹设计以及工业机器人的现场总线通信技术等内容进行了介绍。

本书为项目式教材,具有以下特点:

1. 以工业机器人典型案例的实践操作过程为主线。

2. 以工业机器人的基本操作为起点。

3. 以典型应用案例的应用分析为基础。

本书在第一版的基础上进行了以下两个方面的更新:第一,根据过去四年广大读者的反馈意见,对第一版中的错误进行了修正,重新组织了部分内容,使本书内容更加贴近实际的使用需要;第二,工业机器人硬件与软件也已升级,对相关的内容进行了更新。本版的部分信息描述面向ABB工业机器人操作系统Robotstudio6.0以上版本。

本书可作为高职高专工业机器人技术应用、机电一体化、自动化类专业工业机器人技术应用课程或相近课程的教材,也可供相关工程技术人员参考。

本书由北京电子科技职业学院吕世霞、武汉船舶职业技术学院周宇、湖北工业职业技术学院沈玲担任主编,由湖南化工职业技术学院陈土军、广东轻工职业技术学院毛诗柱、武汉工程职业技术学院张庆乐、咸宁职业技术学院贾丽仕、咸宁职业技术学院聂波、东莞职业技术学院丁度坤、湖北职业技术学院谢超明、黄冈职业技术学院金鑫担任副主编。吕世霞编写项目5、项目7(任务7.2、7.3、7.4)、项目8;周宇编写项目3、项目6、项目7(任务7.1);沈玲编写项目2、项目4;张庆乐编写项目1;陈土军、毛诗柱、贾丽仕、聂波、丁度坤、谢超明、金鑫老师在书稿的整理以及图表的处理方面做了大量的工作。

本书的编写得到了各参编院校领导的大力支持,在此表示衷心的感谢。

由于编者水平所限,书中难免存在不妥之处,恳请广大读者批评指正。

编　者
2020 年 6 月

目　　录

项目1 工业机器人典型应用系统概述

微信扫一扫

【技能目标】

1. 了解工业机器人的典型应用；
2. 了解机器人的技术发展历程。

【知识目标】

1. 了解工业机器人的应用场合；
2. 了解机器人的发展概况。

工业机器人由机器人机械本体、控制器、伺服驱动系统和检测传感装置构成，是一种仿人操作、自动控制、可重复编程、能在三维空间完成各种作业的机电一体化的自动化生产设备，特别适合多品种、多批量的柔性生产。它对稳定和提高产品质量，提高生产率，改善劳动条件和产品的快速更新换代起着十分重要的作用。

国际工业机器人技术日趋成熟，基本沿着两个方向在发展：一是模仿人的手臂，实现多维运动；二是模仿人的下肢运动，实现物料输送、传递等搬运工作。

本项目主要介绍了工业机器人的应用和发展概况。通过本项目的学习，要了解工业机器人的典型应用领域，了解机器人在世界和在我国的发展概况。

任务1.1 工业机器人的典型应用

【任务描述】

工业机器人已经广泛应用到生产过程之中，通过四种机器人的典型应用：搬运机器人系统、焊接机器人系统、喷涂机器人系统和装配机器人系统，介绍制造业中的工业机器人的应用技术和应用状况。

1.1.1 工业机器人概念

提到"机器人"的概念，相信很多人很快会联想到美国科幻大片中的类人形的"钢铁侠"，或者科幻小说中的无所不能的机器人形象。

工业生产中，机器人在外观上并不追求仿人形，而是综合了人的一些动作特长和机器特长的一种拟人的机电一体化机械装置。这种装置既有人对环境状态的快速反应和分析判断的能力，又有机器可长时间持续工作、精确度高、抗恶劣环境的能力。

机器人技术是综合了计算机技术、控制论、机构学、信息和传感技术、人工智能、仿生学等多学科而形成的高新技术，是当前研究十分活跃、应用日益广泛的领域。而且，机器人的应用程度是反映一个国家工艺自动化水平的重要标志。

机器人可替代或协助人类完成各种工作,凡是枯燥的、危险的、有毒有害的工作,都可由机器人大显身手。工业机器人广泛应用于制造业领域,是先进制造技术领域不可缺少的自动化设备。

在现代工业生产中,工业机器人一般都不是单机直接使用,往往需要根据生产工艺流程的要求进行辅助工具的开发后和工业机器人进行系统集成,进而作为工业生产系统的一个组成部分来使用。图 1-1 所示的是生产线上的工业机器人系统集成。

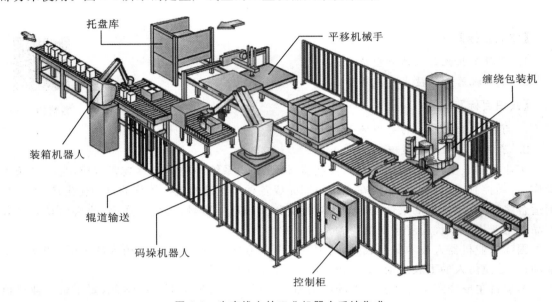

图 1-1　生产线上的工业机器人系统集成

1.1.2　工业机器人的典型应用

目前,工业机器人已经广泛应用于汽车及汽车零部件制造业、机械加工行业、电子电气行业、橡胶及塑料工业、食品医药行业、木材和家具制造业等领域。工业生产中的弧焊机器人、点焊机器人、搬运机器人、喷涂机器人、打磨机器人、装配机器人等都已被大量采用。这些机器人通常是以机器人工作站的形式出现在工业现场中,下面介绍几种常见的典型机器人工作站。

1.　搬运机器人工作站

搬运机器人是可以进行自动化搬运作业的工业机器人。最早的搬运机器人出现在 1960 年的美国,Versatran 和 Unimate 两种机器人首次用于搬运作业。搬运作业是指用一种设备握持工件,从一个加工位置移到另一个加工位置的过程。搬运机器人可安装不同的末端执行器以完成各种不同形状和状态的工件搬运工作,大大减轻了人类繁重的体力劳动。世界上使用的搬运机器人逾 10 万台,被广泛应用于机床上下料、冲压机自动化生产线、自动装配流水线、码垛搬运、集装箱等的自动搬运。部分发达国家已制定出人工搬运的最大限度,超过限度的必须由搬运机器人来完成。

搬运机器人是近代自动控制领域出现的一项高新技术,涉及力学、机械学、电器液压气压技术、自动控制技术、传感器技术、单片机技术和计算机技术等学科领域,已成为现代机械制造生产体系中的一项重要组成部分。它的优点是可以通过编程完成各种预期的任务,在自身结构和性能上结合了人和机器的各自优势,尤其体现出了人工智能和适应性优势。

从结构形式上看,搬运机器人可分为直角坐标式搬运机器人和关节式搬运机器人两大类。直角坐标式搬运机器人根据应用的需要可设计成龙门式搬运机器人、悬臂式搬运机器人、侧壁式搬运机器人、摆臂式搬运机器人等结构形式,图 1-2 所示的是龙门式搬运机器人。

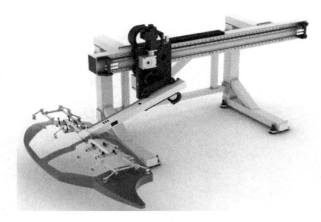

图 1-2　龙门式搬运机器人

搬运机器人工作站是包含相应附属装置及周边设备而形成的一个完整的系统。如图 1-3 所示的关节式搬运机器人,其系统集成主要由搬运机器人系统、工件自动识别系统、自动启动装置、自动传输装置组成,适合于工件自动搬运的场合,尤其适合自动化程度较高的流水线等工业场合,用以提高生产效率和自动化程度。机器人自动搬运系统集成还可根据用户的要求配备不同的手爪(如机械手爪、真空吸盘、电磁吸盘等),实现对各种工件的抓取搬运,具有定位准确、工作节拍可调、工作空间大、性能优良、运行平稳可靠和维修方便等特点。

图 1-3　关节式搬运机器人

2．焊接机器人工作站

焊接是一种以加热、高温或者高压的方式接合金属或其他热塑性材料的制造工艺及技术。焊接加工要求焊工具有熟练的操作技能、丰富的实践经验和稳定的焊接水平,是一个技术含量高的工种;同时,焊接又是一种劳动条件差、烟尘多、热辐射大、危险性高的工作。焊接工业机器人代替人工焊接,不仅可以减轻焊工的劳动强度,同时也可以保证焊接质量和提高生产效率。据不完全统计,全世界在役的工业机器人有近一半服务于各种形式的焊接加工领域,成为当前应用量最多的一种工业机器人。随着先进制造技术的发展,焊接产品制造的自动化、柔性化和智能化已成为必然趋势。而在焊接生产中,采用机器人焊接则是焊接自动化技术现代化的主要标志。图 1-4 所示的是汽车装配线上的焊接机器人。

图 1-4　汽车装配线上的焊接机器人

焊接机器人作为当前广泛使用的先进自动化焊接设备,具有通用性强、工作稳定的优点,并且操作简便、功能丰富,越来越受到人们的重视。

现在世界各国生产的焊接机器人基本上都属于关节型机器人,目前焊接机器人应用中最普遍的主要有点焊机器人和弧焊机器人。

(1) 点焊机器人系统

点焊是通过焊接电极对两层板件施加并保持一定的压力,使板件可靠接触并输出合适的焊接电流,因板间电阻的存在,电流使接触点产生热量、局部熔化,从而使两层板件牢牢地焊接在一起。点焊的过程可以分为预加压、通电加热和冷却结晶三个阶段。

典型的点焊机器人系统一般由机器人本体、焊钳、点焊控制箱、气(水)管路、焊钳修磨器夹具、循环水冷箱及相关电缆等组成。通过点焊控制箱,可以根据不同材料、不同厚度确定和调整焊接压力、焊接电流和焊接时间等参数。点焊机器人可以焊接低碳钢板、不锈钢板、镀锌或多功能镀铅钢板、铅板、铜板等薄板类零件,具有焊接效率高、变形小、不需要添加焊接材料等优点,广泛应用于汽车覆盖件、驾驶室、车体等部件的高质量焊接中。图 1-5 所示的是点焊机器人系统。

(2) 弧焊机器人系统

焊条电弧焊是工业生产中应用最广泛的焊接方法,它是利用电弧放电所产生的热量将焊条与工件互相熔化并在冷凝后形成焊缝,从而获得牢固接头的焊接过程。

图 1-5　点焊机器人系统

　　一个弧焊机器人系统的基本硬件一般包括：焊接机器人本体、焊接设备、变位机、工装夹具、安全设施、控制系统和其他辅助部分，如焊接烟尘处理、传感器等。

　　弧焊机器人在弧焊过程中，要求焊枪跟踪焊件的焊道运动，并不断填充金属以形成焊缝。因此，运动过程中速度的稳定性和轨迹精度是两项重要的指标。它们对焊丝端头的运动、焊枪姿态、焊接参数都要求有精确的控制。

　　如图 1-6 所示的弧焊机器人系统，通常采用 6 个自由度的机器人进行焊接操作，其运动轨迹通常是 Z 形的摆动焊，其轨迹除应贴近示教轨迹外，还有局部的摆动轨迹控制，以满足焊接工艺要求。此外，焊接机器人还具备接触寻位、自动寻找焊缝起点位置、电弧跟踪及自动再引弧等功能。

图 1-6　弧焊机器人系统

3. 喷涂机器人工作站

由于喷涂工序中雾状涂料对人体的危害很大，并且喷涂环境中照明、通风等条件很差，因此在喷涂作业领域中大量使用了机器人。使用喷涂机器人,不仅可以改善劳动条件,而且还可以提高产品的产量和质量、降低成本。与其他工业机器人相比较,喷涂机器人在使用环境和动作要求方面有如下特点:

① 工作环境包含易燃、易爆的喷涂剂蒸气;

② 沿轨迹高速运动,轨迹上各点均为作业点;

③ 多数被喷涂件都搭载在传送带上,边移动边喷涂。

因此,对喷涂机器人有如下要求:

① 具有足够的灵活性,通常采用 5 或 6 个自由度的多关节机器人;

② 要求速度均匀,特别是在轨迹拐角处误差要小,以避免喷涂层不均匀;

③ 控制方式通常为手把手示教方式;

④ 需要轨迹跟踪装置;

⑤ 一般采用连续轨迹控制方式;

⑥ 应具有防爆装置。

喷涂机器人主要有液压喷涂机器人和电动喷涂机器人,通常由机器人本体、计算机和相应的控制系统组成,液压驱动的喷涂机器人还包括液压油源,如油泵、油箱和电动机等。多采用 5 或 6 个自由度的关节式结构,手臂有较大的运动空间,并可做复杂的轨迹运动,其腕部一般有 2 或 3 个自由度,可灵活运动。较先进的喷涂机器人腕部采用柔性手腕,既可向各个方向弯曲,又可转动,其动作类似人的手腕,能方便地通过较小的孔伸入工件内部,喷涂其内表面。喷涂机器人一般采用液压驱动,具有动作速度快、防爆性能好等特点,可通过手把手示教或点位示教来实现示教。喷涂机器人广泛用于汽车、仪表、电器、搪瓷等工艺生产部门。图 1-7 所示的是汽车涂装线上的喷涂机器人。

图 1-7 汽车涂装线上的喷涂机器人

喷涂机器人的主要优点如下:

① 柔性好,工作范围大;

② 有利于提高喷涂质量和材料使用率;

③ 易于操作和维护,可离线编程,大大地缩短了现场调试时间;

④ 设备利用率高,喷涂机器人的利用率可达 90%～95%。

4. 装配机器人工作站

装配是产品生产的后续工序,在制造业中占有重要地位,在人力、物力、财力消耗中占有很大的比例,作为一项新兴的工业技术,机器人装配应运而生。目前,装配机器人在机器人应用的各领域中只占很小的份额。究其原因,一方面是由于装配操作本身比焊接、喷涂、搬运等复杂;另一方面,机器人装配技术目前还存在一些亟待解决的问题。如:对装配环境要求高,装配效率低,缺乏感知与自适应的控制能力,难以完成变动环境中的复杂装配,对于机器人的精度要求高,否则极易出现装不上或"卡死"现象。尽管存在上述问题,但由于装配所具有的重要意义,装配领域将是未来机器人技术发展的焦点之一。

装配机器人是工业生产中,用于生产线上对零件或部件进行装配的工业机器人,是柔性自动化装配系统的核心设备。与一般工业机器人相比,装配机器人具有精度高、柔性好、工作范围小、能与其他系统配套使用等特点。

目前市场上常见的装配机器人,根据臂部的运动形式不同可分为直角坐标型装配机器人、垂直多关节型装配机器人和平面关节型(SCARA)装配机器人。

如图 1-8 所示的直角坐标型装配机器人,其机构在目前的工业机器人中是最简单的。它具有操作简便的优点,被用于零部件的移送、简单的插入、旋拧等作业。在机构方面,大部分装备了球形螺丝和伺服电动机,具有可自动编程、速度快、精度高等特点。

图 1-8　直角坐标型装配机器人

垂直多关节型装配机器人,大多具有 6 个自由度,这样可以在空间上的任意一点,确定任意姿势。因此,这种类型的机器人面向的往往是在三维空间的任意位置和姿势的作业。图1-9所示的是新松多关节装配机器人。

平面关节型装配机器人目前在装配生产线上应用的数量最多,它是一种精密型装配机器人,具有速度快、精度高,柔性好等特点,采用交流伺服电动机驱动,其重复位置精度可达到0.025 mm,可应用于电子、机械和轻工业等有关产品的自动装配、搬运、调试等工作,适合于工厂柔性自动化生产的需求。图 1-10 所示的是平面关节型机器人。

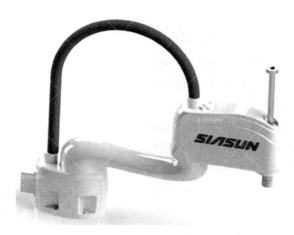

图 1-9　新松多关节装配机器人

图 1-10　平面关节型机器人

任务 1.2　机器人技术的发展

【任务描述】

机器人的发展历程也是世界科技发展史的体现。目前工业机器人快速进入到制造业的各个领域中,并且还在不断地进化中,我国在这方面虽然起步较晚,但也取得了不凡的成就。智能化机器人是未来机器人的进化方向,并将深度改变人类的生产和生活方式。

科技的发展带动着机器人技术的发展,可以说机器人的发展史也是世界科技发展史的体现。科学的前沿技术在机器人中都有应用。

1.2.1　机器人的发展历程

机器人发展到目前为止共分为三个阶段。第一阶段的机器人只有"手",以固定程序工作,不具有对外界信息的反馈能力;第二阶段的机器人具有对外界信息的反馈能力,即有了感觉,如力觉、触觉、视觉等;第三阶段,即所谓"智能机器人"阶段,这一阶段的机器人已经具有了自主性,有自行学习、推理、决策、规划等能力。

1958 年,被誉为"工业机器人之父"的美国发明家约瑟夫·英格伯格创建了世界上第一个机器人公司——Unimation 公司,并参与设计了第一台 Unimate 机器人。它主要用于机器之间的物料运输,采用液压驱动。该机器人的手臂可以绕底座回转,沿垂直方向升降,也可以沿半径方向伸缩。一般认为 Unimate 和 Versatran 机器人是世界上最早的工业机器人。

1979 年 Unimation 公司推出了 PUMA 系列工业机器人,它是全电动驱动、关节式结构、多 CPU 二级微机控制、采用 VAL 专用语言,可配置视觉、触觉和力觉感受器的技术较为先进的机器人。同年,日本山梨大学的牧野洋研制成功具有平面关节(SCARA)的机器人。整个 20 世纪 70 年代,出现了更多的机器人商品,并在工业生产中逐步推广应用。随着计算机科学技术、控制技术和人工智能的发展,机器人的研究开发水平和规模都得到了迅速发展。据国外统计,到 1980 年全世界约有 2 万台机器人在工业中应用。

1.2.2　我国机器人的发展状况

我国在机器人研究方面相对西方国家和日本来说起步较晚。但我们所取得的成就仍是不容轻视的。

1. 我国机器人技术发展状况

我国是从 20 世纪 80 年代开始涉足机器人领域的研究和应用的。1986 年,我国开展了"七五"机器人攻关计划,1987 年,我国的"863"高技术计划将机器人方面的研究开发列入其中。目前我国从事机器人研究和应用开发的主要是高校及有关科研院所等。最初我国在机器人技术方面研究的主要目的是跟踪国际先进的机器人技术。随后,我国在机器人技术及应用方面取得了很大的成就,主要研究成果有:哈尔滨工业大学研制的两足步行机器人,北京自动化研究所 1993 年研制的喷涂机器人、1995 年完成的高压水切割机器人、沈阳自动化研究所研制完成的有缆深潜 300 m 机器人、无缆深潜机器人、遥控移动作业机器人等。

我国在仿人形机器人方面,也取得了很大的进展。例如,中国国防科学技术大学经过 10 年的努力,于 2000 年成功地研制出我国第一个仿人形机器人——"先行者",其身高 1.4 m,重 20 kg。它有与人类似的躯体、头部、眼睛、双臂和双足,可以步行,也有一定的语言功能。它每秒走一步到两步,但步行质量较高:不仅可在平地上稳步向前,还可自如地转弯、上坡;既可以在已知的环境中步行,还可以在有小偏差、不确定的环境中行走。

2. 我国机器人产业发展状况

当前,我国机器人市场进入高速增长期,工业机器人连续七年成为全球第一大应用市场,服务机器人需求潜力巨大,特种机器人应用场景显著扩展;核心零部件国产化进程不断加快,创新型企业大量涌现,部分技术已可形成规模化产品,并在某些领域具有明显优势。

2019 年,我国机器人市场规模达到 86.8 亿美元,2014—2019 年的平均增长率达到 20.9%。其中工业机器人 57.3 亿美元,服务机器人 22 亿美元,特种机器人 7.5 亿美元。

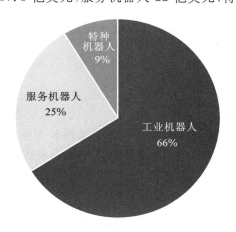

图 1-11　2019 年我国机器人市场结构

智能制造加速升级,工业机器人市场规模持续增长。当前,我国生产制造智能化改造升级的需求日益凸显,工业机器人需求依然旺盛。我国工业机器人市场保持向好发展,约占全球市场份额的三分之一,是全球第一大工业机器人应用市场。据 IFR(国际机器人联合会)统计,我国工业机器人密度在 2017 年达到 97 台／万人,已经超过全球平均水平,预计我国机器人密度将在 2021 年突破 130 台／万人,达到发达国家平均水平。2019 年,我国工业机器人市场规模达到 57.3 亿美元,到 2021 年,国内市场规模进一步扩大,预计将突破 70 亿美元。

工业机器人国产化进程再度提速,应用领域向更多细分行业快速拓展,国产工业机器人正逐步获得市场认可。目前,我国已将突破机器人关键核心技术作为科技发展重要战略,国内厂商攻克了减速机、伺服控制、伺服电机等关键核心零部件领域的部分难题,核心零部件国产化的趋势逐渐显现。与此同时,国产工业机器人在市场总销量中的比重稳步提高。国产控制器等核心零部件在国产工业机器人中的使用也进一步增加,智能控制和应用系统的自主研发水平持续提高,制造工艺的自主设计能力不断提升。

1.2.3　机器人技术未来的发展趋势

智能化可以说是机器人技术未来的发展方向。智能机器人是具有感知、思维和行动功能的机器,是机构学、自动控制、计算机、人工智能、微电子学、光学、通信技术、传感技术、仿生学等多种学科和技术的综合成果。智能机器人可获取、识别和处理多种信息,自主地完成较为复杂的操作任务,比一般的工业机器人具有更大的灵活性、机动性和更广泛的应用领域。

对于未来意识化智能机器人很可能的几大发展趋势,在这里概括性地分析如下。

1. 语言交流功能越来越完美

智能机器人,既然已经被赋予"人"的特殊含义,那当然需要有比较完美的语言功能,这样就能与人类进行一定的,甚至完美的语言交流,所以机器人语言功能的完善是一个非常重要的环节。未来智能机器人的语言交流功能会越来越完美,在人类设计的程序下,它们能轻松地掌握多个国家的语言,远高于人类的学习能力。另外,机器人还将具有进行自我的语言词汇重组能力,就是当人类与之交流时,若遇到语言包程序中没有的语句或词汇时,它可以自动地用相关的或相近意思的词组,按句子的结构重新组成一句新句子来回答,这类似于人类的学习能力和逻辑能力,是一种意识化的表现。

2. 各种动作的完美化

机器人的动作是相对于模仿人类的动作而言的,我们知道人类能做的动作是极其多样化的,招手、握手、走、跑、跳等都是人类的惯用动作。现代智能机器人虽然也能模仿人的部分动作,但相对有点僵化的感觉,或者动作比较缓慢。未来机器人将有更灵活的类似人类的关节和仿真人造肌肉,其动作会更像人类,甚至可以模仿人的所有动作。当然还有可能做出一些普通人很难做出的动作,如平地翻跟斗、倒立等。

3. 外形越来越酷似人类

科学家们研制越来越高级的智能机器人,其外形主要是以人类自身形体为参照对象的。所以有一个仿真的人形外表是首要前提,在这一方面日本是相对领先的。当几近完美的人造皮肤、人造头发、人造五官等恰到好处地遮盖于金属内在的机器人身上时,然后配以人类的完美化正统手势,从远处看,与人类无异。对于未来机器人,很有可能达到即使你近在咫尺细看它的外在,你也很难分辨出它是机器人的仿真程度。这种状况就如美国科幻大片《终结者》中的机器人物造型,具有极致完美的人类外表。

4.逻辑分析能力越来越强

智能机器人要完美地模仿人类,未来科学家会不断地赋予它更多逻辑分析的程序功能,这也是智能的表现。如自行重组相应词汇构成新的句子是逻辑能力的完美表现形式,还有若自身能量不足,可以自行充电,而不需要主人帮助,这是一种意识表现。总之逻辑分析有助于机器人自身完成许多工作,在不需要人类帮助的同时,还可以尽量地帮助人类完成一些任务,甚至是比较复杂的任务。在一定层面上讲,机器人有较强的逻辑分析能力,是利大于弊的。

5.具备越来越多样化的功能

人类制造机器人的目的是为人类服务的,所以会尽可能地使它多功能化,比如在家庭中,机器人保姆不仅会扫地、吸尘,还可以做你的聊天朋友,为你看护小孩。在外面时,机器人可以帮你搬一些重物,或提一些东西,甚至还能当你的私人保镖。另外,未来高级智能机器人还会具备多样化的变形功能,比如从人形状态,变成一辆豪华的汽车也是有可能的,这似乎是真正意义上的变形金刚了,它可以载着你到你想去的任何地方。这种比较理想的设想,在未来都是有可能实现的。

机器人的产生是社会科学技术发展的必然阶段,是社会经济发展到一定程度的产物,随着科学技术的进一步发展及各种技术进一步的相互融合,我们相信机器人技术的前景将更加光明。

习　　题

简答题

1.工业机器人系统由哪几部分组成?

2.机器人的典型应用有哪些?

3.简述喷涂机器人的主要优点。

4.简述机器人的发展历程。

5.简述工业机器人未来发展的趋势。

项目 2 工业机器人的基础知识

【技能目标】

1. 能够对工业机器人进行分类;
2. 能够根据生产要求选用工业机器人;
3. 能够安全操作工业机器人。

微信扫一扫

【知识目标】

1. 了解工业机器人的分类和特点;
2. 掌握工业机器人的技术参数;
3. 掌握机器人的系统组成;
4. 掌握机器人的安全操作规程。

本项目主要介绍了工业机器人的分类及特点,讲解了工业机器人的主要技术参数,介绍了工业机器人的系统组成及安全操作规程。通过对本项目的学习,要初步了解工业机器人的分类方式,掌握不同类型工业机器人的特点,能够读懂并解释工业机器人技术规格,掌握工业机器人的组成原理,掌握机器人的安全操作规程。

任务 2.1 工业机器人的分类和特点

【任务描述】

工业机器人按照不同的功能、目的、用途、规模、结构、坐标、驱动方式可分为很多类型,通过本任务的学习,了解工业机器人的分类、特点及其使用范围。

工业机器人是集机械、电子、控制、传感、人工智能等多学科先进技术于一体的自动化装备,它具有感知、决策、执行等能力特征,能够替代人完成危险繁重的作业,提高生产效率与质量,服务于人的生活并扩展人的能力。

2.1.1 工业机器人的分类

1. 按臂部的运动形式分类

工业机器人按臂部的运动形式分为四种,图 2-1 所示的是不同坐标结构的工业机器人。

（1）直角坐标型

直角坐标型工业机器人是指在工业应用中,能够实现自动控制的、可重复编程的、多功能的、多自由度的、运动自由度间成空间直角关系且多用途的操作机。它能够搬运物体、操作工具,以完成各种作业。

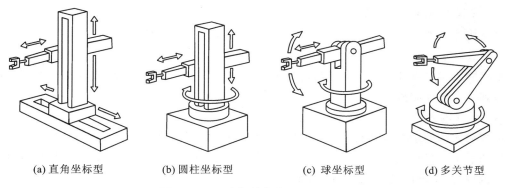

(a) 直角坐标型 　　(b) 圆柱坐标型 　　(c) 球坐标型 　　(d) 多关节型

图 2-1　不同坐标结构的工业机器人

直角坐标型工业机器人的结构如图 2-1(a)所示,这种机器人手部空间位置的改变是通过沿三个相互垂直的轴线的移动来实现的,即沿着 x 轴的纵向移动,沿着 y 轴的横向移动及沿着 z 轴的升降运动。

直角坐标型工业机器人的位置精度高,控制简单,无耦合,避障性好,但结构较庞大,动作范围小,灵活性差,难与其他机器人协调工作。

（2）圆柱坐标型

圆柱坐标型工业机器人的结构如图 2-1(b)所示,它通过两个移动和一个转动来实现手部空间位置的改变,机器人手臂的运动是由垂直立柱屏幕的伸缩和沿立柱的升降两个直线运动及手臂绕立柱的转动复合而成。圆柱坐标型工业机器人的位置精度仅次于直角坐标型,控制简单,避障性好,但结构也比较庞大,难与其他机器人协调工作,两个移动轴的设计比较复杂。

（3）球坐标型

球坐标型工业机器人又称为极坐标型工业机器人,如图 2-1(c)所示,这类机器人的手臂的运动由一个直线运动和两个转动所组成,即沿 x 轴手臂方向的伸缩,绕 y 轴的俯仰和绕 z 轴的回转。球坐标型工业机器人占地面积较小,结构紧凑,位置精度尚可,能与其他机器人协调工作,重量较轻,但避障性差,有平衡问题,位置误差与臂长有关。

（4）多关节型

多关节型工业机器人又称回转坐标型工业机器人,如图 2-1(d)所示,这种工业机器人的手臂与人体上肢类似,其前三个关节是回转副。该工业机器人一般由立柱和大小臂组成,立柱与大臂间形成肩关节,大臂和小臂间形成肘关节,可使大臂做回转运动和俯仰摆动,小臂做仰俯摆动。其结构最紧凑,灵活性大,占地面积最小,能与其他工业机器人协调工作,但位置精度较低,有平衡问题,控制耦合,这种工业机器人应用越来越广泛。

2. 按执行机构运动的控制机能分类

工业机器人按执行机构运动的控制机能可分点位型和连续轨迹型。

（1）点位型

点位型只控制执行机构由一点到另一点的准确定位,适用于机床上下料、点焊和一般搬运、装卸等作业。

（2）连续轨迹型

连续轨迹型可控制执行机构按给定轨迹运动,适用于连续焊接和涂装等作业。

·13·

3. 按程序输入方式分类

工业机器人按程序输入方式分有编程输入型和示教输入型两类。

(1) 编程输入型

编程输入型是将计算机上已编好的作业程序文件,通过 RS232 串口或者以太网等通信方式传送到机器人控制柜。

(2) 示教输入型

示教输入型的示教方法有两种:一种是由操作者用手动控制器(示教操纵盒),将指令信号传给驱动系统,使执行机构按要求的动作顺序和运动轨迹操演一遍;另一种是由操作者直接操作执行机构,按要求的动作顺序和运动轨迹操演一遍。

示教输入型机器人在示教过程的同时,工作程序的信息即自动存入程序存储器中,在机器人自动工作时,控制系统从程序存储器中检出相应信息,将指令信号传给驱动机构,使执行机构再现示教的各种动作。示教输入程序的工业机器人又称为示教再现型工业机器人。

4. 按用途分类

(1) 材料搬运机器人

搬运机器人的用途很广泛,一般只需要点位控制,即被搬运工件无严格的运动轨迹要求,只要求起始点和终点的位置准确。

(2) 检测机器人

零件制造过程中的检测以及成品检测都是保证产品质量的关键。检测机器人的工作内容主要是确认零件尺寸是否在允许的公差范围内,或者控制零件按质量进行分类。

例如,油管接头螺纹的加工完毕后,将环规旋进管端,通过测量旋进量或检测与密封垫的接触程度即可了解接头螺纹的加工精度。油管接头工件较重,环规的质量一般也都超过15 kg,为了能完成螺纹检测任务的连续自动化动作(如环规自动脱离、旋进自动测量等),需要油管接头螺纹检测机器人。该机器人是六轴多关节机器人,它的特点在于其手部机构是一个五自由度的柔顺螺纹旋进部件。另外,它还有一个卡死检测部件,能对螺纹旋进动作加以控制。

(3) 焊接机器人

焊接机器人是目前应用最广泛的一种机器人,它又分为点焊和弧焊两类。点焊机器人负载大、动作快,工作的位姿要求严格,一般有 6 个自由度。弧焊机器人负载小、速度低,弧焊对机器人的运动轨迹要求严格,必须实现连续路径控制,即在运动轨迹的每个点都必须实现预定的位置和姿态要求。

弧焊机器人的 6 个自由度中,一般 3 个自由度用于控制焊具跟随焊缝的空间轨迹,另外 3 个自由度保持焊具与工件表面有正确的姿态关系,这样才能保证良好的焊缝质量。目前汽车制造厂已广泛使用焊接机器人进行承重大梁和车身的焊接。

(4) 装配机器人

装配机器人要求具有较高的位姿精度,手腕具有较好的柔性。因为装配是一个复杂的作业过程,不仅要检测装配作业过程中的误差,而且要纠正这种误差。因此,装配机器人采用了许多传感器,如接触传感器、视觉传感器、接近传感器、听觉传感器等。

(5) 喷涂机器人

喷涂机器人多用于喷漆生产线上,其重复定位精度不高。另外由于漆雾易燃,驱动装置必须防燃防爆。

2.1.2　工业机器人的特点

工业机器人是一种通过重复编程和自动控制,能够完成制造过程中某些操作任务的多功能、多自由度的机电一体化自动机械装备和系统,它结合制造主机或生产线,可以组成单机或多机自动化系统,在无人参与下,实现搬运、焊接、装配和喷涂等多种生产作业。当前,工业机器人技术和产业迅速发展,在生产中应用日益广泛,已成为现代制造生产中重要的高度自动化装备。

自 20 世纪 60 年代初第一代机器人在美国问世以来,工业机器人的研制和应用有了飞速的发展,但工业机器人最显著的特点归纳起来有以下几个。

1. 可编程

生产自动化的进一步发展是柔性自动化。工业机器人可随其工作环境变化的需要而再编程,因此它在小批量多品种具有均衡高效率的柔性制造过程中能发挥很好的功用,是柔性制造系统(FMS)中的一个重要组成部分。

2. 拟人化

工业机器人在机械结构上有类似人的大臂、小臂、手腕、手爪等部分,在控制上有电脑。此外,智能化工业机器人还有许多类似人类的"生物传感器",如皮肤型接触传感器、力传感器、负载传感器、视觉传感器、听觉传感器等。传感器提高了工业机器人对周围环境的自适应能力。

3. 通用性

除了专门设计的工业机器人外,一般工业机器人在执行不同的作业任务时具有较好的通用性。比如,更换工业机器人手部末端的操作器(手爪、工具等)便可执行不同的作业任务。

4. 机电一体化

工业机器人技术涉及的学科相当广泛,但是归纳起来是机械学和微电子学的结合——机电一体化技术。第三代智能机器人不仅具有获取外部环境信息的各种传感器,而且还具有记忆能力、语言理解能力、图像识别能力、推理判断能力等人工智能,这些都和微电子技术的应用,特别是计算机技术的应用密切相关。因此,机器人技术的发展必将带动其他技术的发展,机器人技术的发展和水平也可以验证一个国家科学技术和工业技术的发展和水平。

任务 2.2　工业机器人的技术参数

【任务描述】

要合理选用工业机器人,首先要了解机器人的主要技术参数,根据生产和工业的实际需求,通过工业机器人的技术参数来选择工业机器人的机械结构、坐标形式和传动装置。

2.2.1　主要技术参数

工业机器人的种类、用途以及用户要求都不尽相同,但工业机器人的技术参数主要包括自由度、精度、作业范围、最大工作速度、承载能力和分辨率等。

1. 自由度

自由度是指机器人所具有的独立坐标轴运动的数目,不包括手爪(末端执行器)的开合自由度,如图 2-2 所示的是工业机器人的自由度。机器人的一个自由度对应一个关节,所以自由度与关节的概念是相等的。自由度是表示机器人动作灵活程度的参数,自由度越多就越灵活,但结构也越复杂,控制难度越大,所以机器人的自由度要根据其用途设计。自由度的选择与生产要求有关,若批量大,操作可靠性要求高,运行速度快,则机器人的自由度可少一些,如果要便于产品更换,增加柔性,则机器人的自由度要多一些。

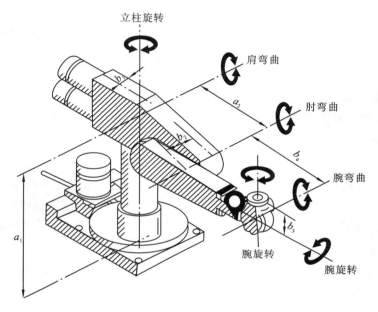

图 2-2 工业机器人的自由度

在三维空间中描述一个物体的位置和姿态需要 6 个自由度。工业机器人一般为 4~6 个自由度,大于 6 个的自由度称为冗余自由度。冗余自由度增加了机器人的灵活性,可方便机器人避开障碍物和改善机器人的动力性能。人类的手臂(含大臂、小臂、手腕等)共有 7 个自由度,所以工作起来很灵巧,可回避障碍物,并可从不同的方向到达同一个目标位置。

2. 定位精度和重复定位精度

定位精度和重复定位精度是机器人的两个精度指标。定位精度是指机器人末端执行器的实际位置与目标位置之间的偏差,由机械误差、控制算法与系统分辨率等部分组成。重复定位精度是指在同一环境、同一条件、同一目标动作、同一命令之下,机器人连续重复运动若干次时,其位置的分散情况,是关于精度的统计数据。因重复定位精度不受工作载荷变化的影响,故通常用重复定位精度这一指标作为衡量示教再现型工业机器人水平的重要指标。

3. 作业范围

作业范围又称工作空间、工作区域,是机器人运动时手臂末端或手腕中心所能到达的所有点的集合。由于末端执行器的形状和尺寸是多种多样的,为真实反映机器人的特征参数,故作业范围是指不安装末端执行器时的工作区域。作业范围的大小不仅与机器人各连杆的尺寸有关,而且与机器人的总体结构形式有关,图 2-3 所示的是 IRB140 机器人的作业范围。机器人所具有的自由度数目及其组合不同,其运动图形也不同,而自由度的变化量(即直线运动的距离和回转角度的大小)则决定着运动图形的大小。

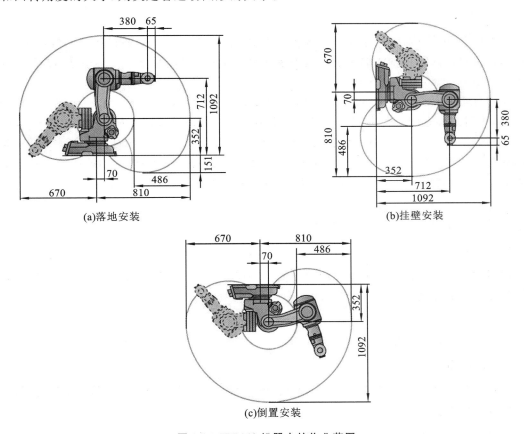

(a)落地安装

(b)挂壁安装

(c)倒置安装

图 2-3　IRB140 机器人的作业范围

作业范围的形状和大小是十分重要的,机器人在执行某作业时可能会因为存在手部不能到达的盲区(dead zone)而不能完成任务。

4. 最大工作速度

生产机器人的厂家不同,其所指的最大工作速度也不同,有的厂家指工业机器人主要自由度上最大的稳定速度,有的厂家指手臂末端最大的合成速度,对此通常都会在技术参数中加以说明。最大工作速度愈高,其工作效率就愈高,但是也要花费更多的时间加速或减速,或者对工业机器人的最大加速率或最大减速率的要求更高。

5. 承载能力

承载能力又称为工作载荷,是指机器人在作业范围内的任何位姿上所能承受的最大质量,常用质量、力矩、惯性矩来表示。负载大小主要考虑机器人各运动轴上所受的力和力矩。承载能力不仅取决于负载的质量,还包括机器人末端执行器的质量,即手部的质量,抓取工件的质量,而且与机器人运行的速度和加速度的大小、方向有关,即与运动速度变化而产生的惯性力和惯性力矩有关。

一般机器人在低速运行时,承载能力大,为安全考虑,规定在高速运行时所能抓取的工件质量作为承载能力指标。即承载能力这一技术指标是高速运行时的承载能力。目前使用的工业机器人,其承载能力范围较大,最大可达 1000 kg。

6．分辨率

工业机器人的分辨率由系统设计检测参数决定,并受到位置反馈检测单元性能的影响。分辨率是指机器人每根轴能够实现的最小运动距离或最小转动角度。分辨率分为编程分辨率与控制分辨率,统称为系统分辨率。

编程分辨率是指程序中可以设定的最小距离单位,又称为基准分辨率。例如:当电动机旋转 0.1°,机器人腕点即手臂尖端点直线移动距离为 0.01 mm 时,其基准分辨率为 0.01 mm。

控制分辨率是位置反馈回路能够检测到的最小位移量。例如:每周 800 个脉冲的增量式编码盘与电动机同轴安装,电动机每旋转 0.45°编码盘就发出一个脉冲,则该系统的控制分辨率为 0.45°。当编程分辨率与控制分辨率相等时,系统性能达到最高。

2.2.2 其他参数

1．控制方式

控制方式是指机器人用于控制轴的方式,是伺服还是非伺服,伺服控制方式是实现连接轨迹还是点到点的运动。

2．驱动方式

驱动方式是指关节执行器的动力源形式。通常有气动、液压、电动等形式。

3．安装方式

安装方式是指机器人本体安装在工作场合的形式,通常有地面安装、架装、吊装等形式。

4．动力源容量

动力源容量是指机器人动力源的规格和消耗功率的大小,比如,气压的大小、耗气量,液压高低,电压的形式与大小、消耗功率等。

5．本体质量

本体质量指机器人在不加任何负载时本体的质量。

6．环境参数

环境参数是指机器人在运输、存储和工作时需要提供的环境条件,比如,温度、湿度、振动、防护等级和防爆等级等。

任务 2.3 工业机器人的系统组成

【任务描述】

了解机器人系统的组成部分,熟悉各个组成部分的功能作用,能够叙述各个组成部分的系统结构。

工业机器人系统由三大部分六个子系统组成。三大部分是:机械部分、传感部分、控制部分。六个子系统是：机械结构系统、驱动系统、传感系统、控制系统、机器人与环境交互系统、人机交互系统。下面分述六个子系统。

1．机械结构系统

如图 2-4 所示的工业机器人的机械结构系统，是工业机器人为完成各种运动的机械部件。系统由骨骼（杆件）和连接它们的关节（运动副）构成，具有多个自由度，主要包括手部、腕部、臂部、机身等部件。若机身具备行走部件（mobile mechanism）便构成行走机器人；若机身不具备行走及腰转机构，则构成单机器人臂（single robot arm）。机械手臂一般由上臂、下臂和手腕所组成。末端执行器是直接装在手腕上的重要部件，它可以是二手指或多指的手爪，也可以是喷漆枪、焊枪等作业工具。工业机器人机械系统的各部件相当于人身体的各部位（骨骼、手、臂、腿等）。

（1）手部：又称为末端执行器或夹持器，是工业机器人对目标直接进行操作的部分，在手部可安装专用的工具，如焊枪、喷枪、电钻、电动螺钉（母）拧紧器等。

（2）腕部：腕部是连接手部和臂部的部分，主要功能是调整手部的姿态和方位。

（3）臂部：用以连接机身和腕部，是支撑腕部和手部的部件，由动力关节和连杆组成。臂部用以承受工件或工具的负载，改变工件或工具的空间位置，并将它们送至指定位置。

（4）机身：是机器人的支撑部分，有固定式和移动式两种。

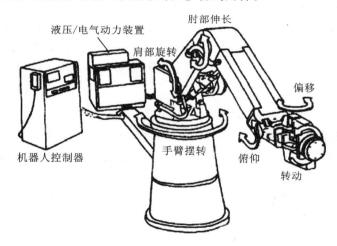

图 2-4　工业机器人的机械结构系统

2．驱动系统

要想机器人动起来，需要给各个关节即每个运动自由度安装传动装置，这就是驱动系统。根据驱动源的不同，驱动系统可以分为液压、气压或电力驱动系统三种以及把它们结合起来应用的综合系统。该部分相当于人的肌肉。

电力驱动系统在工业机器人中应用得最普遍，可分为步进电动机驱动、直流伺服电动机驱动和交流伺服电动机驱动三种驱动形式。早期多采用步进电动机驱动，后来发展了直流伺服电动机驱动，现在交流伺服电动机驱动也开始广泛应用。上述驱动单元有的直接用于驱动机构运动，有的通过谐波减速后驱动机构运动，其结构简单紧凑。

液压驱动系统最大的优点是运动平稳，且驱动力大，对于重载的搬运和零件加工机器人，采用液压驱动比较合理。但液压驱动存在管道复杂、清洁困难等缺点。因此，它在装配作业中的应用受到限制。

　　无论电力还是液压驱动的机器人,其手爪的开合都是采用气动形式的。

　　气压驱动机器人结构简单、工作迅速、价格低廉,但由于空气具有可压缩性,其工作速度稳定性差。但是,空气的可压缩性,可使手爪在抓取或卡紧物体时的顺应性提高,防止受力过大而造成被抓物体或手爪本身的破坏。

3. 传感系统

　　传感系统由内部传感器和外部传感器组成,其作用是获取机器人内部和外部环境信息,并把这些信息反馈给控制系统。其中,内部状态传感器用于检测各个关节的位置、速度等信息,为闭环伺服控制系统提供反馈信息。

　　外部传感器用于检测机器人与周围环境之间的一些状态信息,如距离、接近程度和接触情况等,用于引导机器人,便于其识别物体并做出相应处理。外部传感器一方面使机器人更准确地获取周围环境情况,另一方面也能起到纠正误差的作用。

　　该部分的作用相当于人的五官。

4. 控制系统

　　控制系统的任务是根据机器人的作业指令从传感器获取反馈信号,控制机器人的执行部件,使其完成规定的运动和功能。如果机器人不具备信息反馈功能,则该控制系统称为开环控制系统;如果机器人具备信息反馈功能,该控制系统则称为闭环控制系统。该部分主要由计算机硬件和软件组成。软件主要由人机交互系统和控制算法等组成。该部分的作用相当于人的大脑。

5. 机器人与环境交互系统

　　工业机器人与环境交互系统是实现工业机器人与外部环境中的设备相互联系的装置式协调系统。工业机器人与外部设备集成为一个功能单元,如加工制造单元、焊接单元、装配单元等,当然也可以多台机器人,多台机床或者设备,多个零部件存储主装置等集成为一个去执行复杂任务的功能单元。工业机器人与外部交互的环境包括硬件环境和软件环境。

　　与硬件环境的交互,主要是与外部设备的通信,工作域中障碍和自由空间的描述以及操作对象的描述。与软件环境的交互,主要是与生产单元监控计算机所提供的管理信息系统的通信。

　　工业机器人要与外部环境进行交互,有可能面临变化的外部环境,在这种情况下,工业机器人仅实现可编程控制是不够的。工业机器人被引导去完成任务时,将实际参数信息与所要求的参数信息进行比较,对外部环境变化产生新的适应性指令,实现其正确的动作功能,这就是工业机器人的在线自适应能力。工业机器人与环境更高一层的交互是从外部环境中感知、学习、判断和推理,实现环境预测,并根据客观环境规划自己的行动。

　　工业机器人与环境交互是机器人技术的关键,工业机器人在没有人工干预的情况下,对外部环境自我适应,对行动自我规划,将是今后机器人技术及应用的研究方向。

6. 人机交互系统

　　人机交互系统是使操作人员参与机器人控制,与机器人进行联系的装置,例如计算机的标准终端、指令控制台、信息显示板、危险信号报警器等。

任务 2.4　工业机器人的使用安全

【任务描述】

工业机器人的系统复杂而且危险性大,对机器人进行任何操作都必须注意安全。通过本任务的学习,了解工业机器人的使用安全,严格遵守安全操作规程。

工业机器人的使用安全,包括操作前、操作中及操作后安全,任何不当的操作都可能引发设备或人身安全事故。下面我们分别从几个方面进行介绍。

2.4.1　操作者应遵守事项

（1）穿着规定的工作服、安全靴,戴上安全帽等安保用品。

（2）为确保工作场内的安全,请遵守"小心火灾""高压""危险""外人勿进"等规定。

（3）认真管理好控制柜,请勿随意按下按钮。

（4）勿用力摇晃机器人及在机器人上悬挂重物。

（5）在机器人周围,勿有危险行为或游戏。

（6）时刻注意安全。

2.4.2　机器人周边防护

（1）未经许可的人员不得接近机器人和其周边辅助设备。

（2）绝不能够强制扳动机器人的轴。

（3）在操作期间,绝不允许非工作人员触动机器人操作按钮。

（4）绝不要依靠在控制柜上,不要随意按动操作按钮。

（5）机器人周边区域必须保持清洁(无油、水及其他杂质)。

（6）如需要手动控制机器人,应确保机器人的作业范围内无任何人员或障碍物。

（7）执行程序前,应确保机器人工作区域内没有无关人员、工具、工件。

2.4.3　机器人操作安全

（1）绝不允许操作人员在自动运行模式下进入机器人动作范围内,决不允许其他无关人员进入机器人的作业范围内。

（2）应尽量在机器人的作业范围外进行示教工作。

（3）在机器人的作业范围内进行示教工作时,应注意以下几点:

① 始终从机器人的前方进行观察,不要背对机器人进行作业。

② 始终按预先制定好的操作程序进行操作。

③ 始终具有一个当机器人万一发生未预料的动作而进行躲避的想法,确保自己在紧急的情况下有退路。

（4）在操作机器人前,应先按控制柜前门及示教器右上方的急停按钮,以检查伺服准备的指示灯是否熄灭,并确认其所有驱动器不在伺服投入状态。

（5）运行机器人程序时应按照由单步到连续的模式,由低速到高速的顺序进行。

（6）在操作机器人时示教器上的模式开关应选择手动模式进行动作,不允许在自动模式下操作机器人。

（7）机器人运行过程中,严禁操作者离开现场,以确保意外情况的及时处理。

（8）机器人工作时,操作人员要注意查看机器人电缆状况,防止其缠绕在机器人上。

（9）示教器和示教器电缆不能放置在变位机上,应随手携带或挂在操作位置。

（10）当机器人停止工作时,不要认为其已经完成工作了,因为机器人停止工作很有可能是在等待让它继续移动的输入信号。

（11）离开机器人前应关闭伺服并按下急停开关,并将示教器放置在安全位置。

（12）工作结束时,应使机器人在工作原点位置或安全位置。

（13）严禁在控制柜内随便放置配件、工具、杂物等。

（14）在校验机器人机械零点时,必须拔出零标杆后方可操作机器人位置。

（15）运行机器人程序时应密切观察机器人的动作,左手应放在急停按钮上,右手应放在停止按钮上,当出现机器人运行路径与程序不符合时或出现紧急情况时应立即按下按钮。

（16）严格遵守并执行机器人的日常点检与维护。

（17）万一发生火灾,请使用二氧化碳灭火器。

（18）机器人处于自动模式时,任何人员都不允许进入其动作所及的区域。

（19）在任何情况下,不要使用机器人原始启动盘,要用复制盘。

（20）机器人停机时,夹具上不应置物,必须空机。

（21）机器人在发生意外或运行不正常等情况下,均可使用 E-Stop 键,停止运行。

（22）因为机器人在自动状态下,即使运行速度非常低,其动量仍很大,所以在进行编程、测试及维修等工作时,必须将机器人置于手动模式。

（23）气路系统中的压力可达 0.6 MPa,任何相关检修都要切断气源。

（24）在手动模式下调试机器人,如果不需要移动机器人时,必须及时释放使能器。

（25）调试人员进入机器人工作区域时,必须随身携带示教器,以防他人误操作。

（26）在得到停电通知时,要预先关断机器人的主电源及气源。

（27）突然停电后,要赶在来电之前预先关闭机器人的主电源开关,并及时取下夹具上的工件。

（28）维修人员必须保管好机器人钥匙,严禁非授权人员在手动模式下进入机器人软件系统,随意翻阅或修改程序及参数。

习　　题

一、选择题

1. 作业范围是指机器人（　　）或手腕中心所能到达的点的集合。

A. 机械手　　　　　B. 手臂末端　　　　　C. 手臂　　　　　D. 行走部分

2. 机器人的精度主要依存于（　　）、控制算法误差与分辨率系统误差。

A. 传动误差　　　　B. 关节间隙　　　　　C. 机械误差　　　　D. 连杆机构的挠性

3. 机器人外部传感器不包括（　　）传感器。

A. 力或力矩　　　　B. 接近觉　　　　　　C. 触觉　　　　　　D. 位置

4. 手部的位姿是由（　　）两部分变量构成的？

A. 位置与速度　　　B. 姿态与位置　　　C. 位置与运行状态　D. 姿态与速度

5. 机器人的控制方式分为点位控制和（　　）。

A. 点对点控制　　　B. 点到点控制　　　C. 连续轨迹控制　　D. 任意位置控制

二、判断题（请将判断结果填入括号中，正确的填"√"，错误的填"×"）

1. 示教编程用于示教再现型机器人中。（　　）

2. 机器人轨迹泛指工业机器人在运动过程中的运动轨迹，即运动点的位移、速度和加速度。（　　）

3. 关节型机器人主要由立柱、前臂和后臂组成。（　　）

4. 到目前为止，机器人已发展到第四代。（　　）

5. 磁力吸盘能够吸住所有金属材料制成的工件。（　　）

6. 机械手亦可称之为机器人。（　　）

三、简答题

1. 机器人按坐标系统分类有哪些？各有何优缺点？

2. 作业范围的重要性体现在哪里？

3. 工业机器人系统由哪几部分组成？

4. 简述工作载荷的含义。

5. 什么是定位精度和重复定位精度？

6. 工业机器人的主要技术参数有哪些？

项目3　工业机器人的基本操作

【技能目标】

1. 能够安全地开启并关闭工业机器人;
2. 能够将工业机器人从急停状态恢复;
3. 掌握工业机器人示教器的操作环境配置方法;
4. 能够根据需要进行坐标系的切换;
5. 能够手动操纵机器人到达目标位置;
6. 能够进行机器人校准的操作。

微信扫一扫

【知识目标】

1. 掌握工业机器人标准的开/关机流程和急停的恢复方法;
2. 熟悉工业机器人示教器的操作按钮与界面功能;
3. 认识工业机器人的坐标系;
4. 熟悉工业机器人的手动操纵运动模式;
5. 熟悉工业机器人零点校准功能。

本项目主要介绍 ABB 机器人示教器的操作与使用方法。通过本项目的学习,初步掌握机器人的开/关流程和急停恢复功能,能够手动操纵机器人到达目标位置,并根据需要校准机器人及切换机器人坐标系。

任务 3.1　机器人的基本操作

【任务描述】

机器人示教器是一种重要的机器人操作设备。通过本任务的学习,认识示教器上各按钮与模块的功能,掌握开/关机流程和急停恢复的方法,并在示教器中配置出合理的操作环境。

3.1.1　机器人操作设备认识

控制柜和示教器(flexpendant)是机器人最常用的两种用户操作设备,图 3-1 所示的是机器人控制柜与示教器外形图。

1. 机器人控制柜

ABB IRC5 型机器人控制柜的左上角集成有总电源旋钮开关、机器人运行模式选择钥匙等功能按钮。图 3-2 所示的是 ABB IRC5 型机器人控制柜的操作按钮布局及功能。

机器人运行模式钥匙有三种挡位状态:

操作按钮

(a) ABB IRC5型机器人控制柜

紧急停止按钮

操纵杆

触摸屏

硬按钮

USB端口

(b) 示教器正面

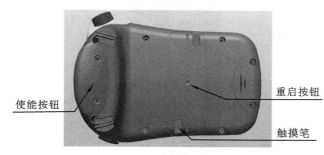

使能按钮

重启按钮

触摸笔

(c) 示教器背面

图 3-1　机器人控制柜与示教器外形图

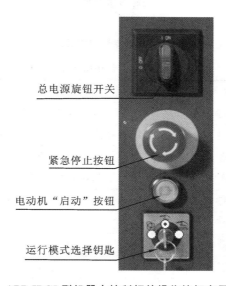

总电源旋钮开关

紧急停止按钮

电动机"启动"按钮

运行模式选择钥匙

图 3-2　ABB IRC5 型机器人控制柜的操作按钮布局及功能

①自动模式(左挡);
②手动减速模式(中间挡);
③手动全速模式(右挡)。

自动模式用于生产过程中自动运行机器人程序,而手动模式是机器人在人工操纵下,通过示教器来控制机器人本体的运动。当机器人处于手动减速模式下,机器人本体的最大运动速度被限制在 250 mm/s,而在手动全速模式下,机器人本体将以系统预设速度运行。手动减速模式用于机器人现场编程和调试,而手动全速模式主要用于程序测试。

2. 机器人示教器

机器人示教器是操作人员在机器人现场操作与编程时使用的手持式装置,能够进行手动操纵机器人、用户程序编写与运行、系统参数配置、运行状态监控等诸多操作,图 3-3 所示的是示教器专用硬按钮的布置,其各按钮的主要功能如表 3-1 所示。

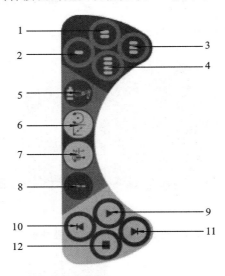

图 3-3　示教器专用硬按钮的布置

表 3-1　示教器上各按钮的主要功能

标　　号	名　　称	功　　能
1~4	预设功能键	客户根据使用需求,自定义按键功能
5	机械单元键	选择控制的机械单元,本体或附加轴(如果有)
6	运动模式键1	切换运动模式,线性或者重定向
7	运动模式键2	切换单轴控制,轴1~3或者轴4~6
8	增量切换键	切换增量运动值
9	程序启动键	开始执行程序
10	单步后退	程序后退至上一条指令
11	单步向前	程序前进至下一条指令
12	程序停止	停止执行程序

示教器紧急停止按钮用于操作人员手动操纵机器人时的紧急停止。操纵杆用于手动模式下控制机器人的运动,包括上、下、左、右、顺时针、逆时针六种方向控制。USB 端口外接 USB 设备,可以实现系统的备份与恢复。使能按钮位于示教器背面,能够在手动模式下控制机器人电动机的上电(motor on)状态。使能按钮有三个挡位,初始挡位和最终挡位状态下,机器人电动机都处于断电状态;只有将使能按钮置于中间挡位(按下一半),机器人电动机才处于通电状

态,示教器状态栏将同时提示"电机开启"。

示教器上的触摸屏是一块兼具输入/输出功能的重要设备,其作用类似于个人计算机系统的键盘与显示器,操作者可以利用触摸屏直接对机器人系统输入各种参数和指令,机器人的运行状态和坐标位置等数据也同时由触摸屏幕输出显示。图 3-4 所示的是示教器触摸屏显示信息。

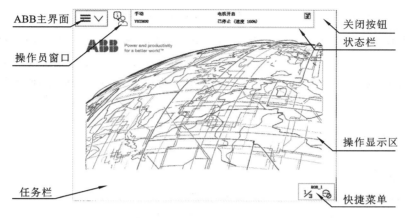

图 3-4 示教器触摸屏显示信息

"ABB 主界面"集成了输入/输出、程序编辑、系统配置等各种操纵与调试机器人所需的功能选项,如图 3-5 所示。"操作员窗口"主要显示来自程序的信息,当程序中使用了读/写屏幕的编程指令后,该窗口将自动弹出相应的操作界面。"任务栏"以缩略图标的形式存放开启过的功能选项,操作人员可以直接在缩略图标之间切换所需的功能。任务栏最多能够同时存放6 个缩略图标,使用"关闭按钮"将当前界面关闭后,才能开启其他的功能选项界面。"快捷菜单"用于快速设置机器人坐标、速度、工具、模式等各种与机器人运动相关的数据。如图 3-6 所

图 3-5 ABB 主界面

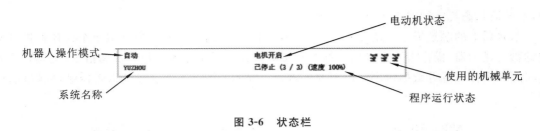

机器人操作模式 —— 自动
　　　　　　　　 YUZHOU
系统名称

电机开启 ←— 电动机状态
己停止 (3 / 3) (速度 100%)
程序运行状态
使用的机械单元

图 3-6　状态栏

示的状态栏显示了 5 个重要的系统状态。ABB IRC5 型控制系统可以使用 MultiMove 功能组成多机器人系统,一个主控制柜最多可以同时控制 4 台机器人。与系统连接的机器人都会缩略显示在"使用的机械单元"之中,被选中的机械单元会以蓝色的边框标记,而未被启动的机械单元将以灰色显示。

3.1.2　开/关机与重启的标准操作

1. 开机的操作

机器人系统首次开机启动的检查与操作步骤如下。

① 检查机器人本体和末端执行器的机械安装已经完成。机器人本体、末端执行器、控制柜之间的动力电缆、信号电缆、气路连接已经完成。示教器与控制柜之间的连接已经完成。

② 机器人系统的安全保护机制以及所需的安全保护电路已经正确连接。

③ 机器人系统上级电源的安全保护电路已经完成施工接线,电压保护、过载保护、短路保护以及漏电保护等功能工作正常。由于机器人型号的不同,目前有两种机器人电源电压:交流 220 V 和交流 380 V。

④ 按下机器人控制柜上的紧急停止按钮,将控制柜上的总电源旋钮开关切换到 ON 的状态。

上述步骤为机器人系统首次开机的标准操作流程,日常开机启动可以直接执行第四步操作。需要注意的是,按下紧急停止按钮再启动并不是强制性要求,但是按照先急停、后启动的顺序来启动整个机器人系统能够最大限度地保护操作人员的安全。

2. 关机与重启的操作

关闭机器人系统的标准操作步骤如下。

① 使用示教器上的停止键(STOP)或者程序中的 STOP 指令来停止所有程序的运行。

② 在触摸屏上点击"ABB 主界面",选中操作窗口中的"重新启动",点击"高级"选项卡,出现"高级重启"选项,如图 3-7 所示。在"高级重启"选项中选择"关闭主计算机",示教器上显示"主计算机将被关闭...",系统将自动保存当前程序以及系统参数。待系统关闭 30 s 后,将控制柜的总电源开关切换到 OFF 的状态,即可关闭机器人系统的总电源。

机器人系统是可以长时间无人操作自动运行的,并不需要定期重新启动。但是在出现以下四种情况时,需要重新启动机器人系统。

① 在机器人系统中安装了 I/O 通信板等新的硬件;

② 更改了机器人系统的配置文件;

③ 添加了新的系统并准备使用;

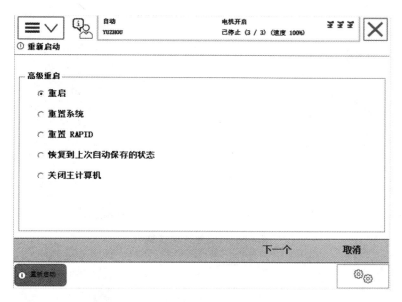

图 3-7　机器人系统高级重启选项卡

④ 出现系统运行故障。

点击图 3-7 所示的机器人系统高级重启选项卡中的"重启"选项,或者在任意窗口界面下点击"ABB 主界面",在弹出的操作窗口中直接选择"重新启动",并确认"重启"即可重启机器人系统。

3. 急停与恢复的操作

机器人系统通常设有两个以上的紧急停止按钮,系统标配的两个紧急停止按钮分别位于机器人控制柜和示教器。技术人员可以根据实际使用需求,将更多的保护功能按钮(如安全光幕门,极限位置开关等)接入机器人系统之中,从而自动触发机器人系统安全停止或者紧急停止。

当机器人本体伤害了工作人员或机器设备时,应在第一时间按下最近的紧急停止按钮,使得机器人系统进入急停状态,系统将自动断开驱动电源与本体电动机的连接,停止所有部件的运行。机器人系统紧急停止后,示教器的状态栏将以红色字体显示"紧急停止",如图 3-8 所示。

当危险状态已经被排除,机器人系统重新恢复运行时,首先要将紧急停止按钮的"上锁"功能打开,才能解除紧急停止状态。多数情况下,需要旋转紧急停止按钮来"解锁",部分按钮是通过拉起的方式来解锁的。解锁后,系统并没有完全恢复,示教器状态栏将以红色字体显示"紧急停止后等待电机开启",如图 3-9 所示。按下控制柜上的电动机"启动"按钮,机器人系统从紧急停止状态恢复正常操作。

3.1.3　基本操作环境配置

1. 设置屏幕方向和亮度

示教器默认操作姿势为左手握持设备、右手进行操作,左手握持设备的同时以四指置于使

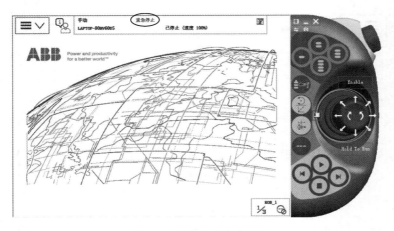

图 3-8　紧急停止状态显示

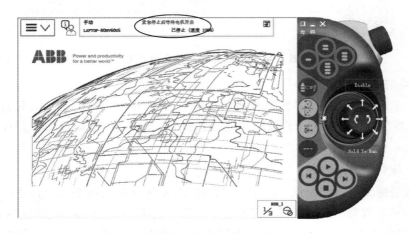

图 3-9　紧急停止按钮解锁后的状态显示

能键,以便随时执行电动机的通断电操作,图 3-10 所示的是左手握持示教器姿势。示教器屏幕的默认显示方向适合于右手操作者,左手操作者使用示教器时需要将屏幕的显示方向旋转180°。

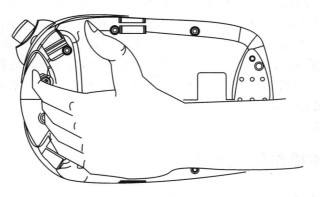

图 3-10　左手握持示教器姿势

更改屏幕显示方向时,在"ABB 主界面"中点击"Control Panel"(控制面板),在弹出的界面中点击"Appearance"(外观),进入外观设置界面后点击"Rotate Right"(向右旋转)并点击"OK"确认,即可完成屏幕显示方向的重新设定,操作过程如图 3-11 所示。在图 3-11(c)所示的界面下,点击"+"或"−"也可以修改示教器屏幕的亮度。

图 3-11　屏幕方向和亮度的设定

2．设置语言

示教器的默认显示语言为英语,当机器人系统中已经安装了中文或其他语言时,可以通过以下操作进行语言切换。

① 在"ABB 主界面"中点击"Control Panel"(控制面板),在"Control Panel"界面下,点击图 3-12 所示的"Language"(语言)选项。

② "Language"选项下以列表的形式显示了当前系统中已经安装的语言包,选择目标语言界面如图 3-13 所示,点击需要更改的目标语言"Chinese",并点击"OK"确认。

③ 更改语言属于系统配置修改,系统弹出重启提示框,确认示教器重启界面如图 3-14 所示。点击"Yes"确认示教器重新启动。待示教器重启后,当前语言将被选定的目标语言替代。

语言切换后,触摸屏按钮、菜单、对话框都将以新的语言显示,而机器人程序指令、变量、系

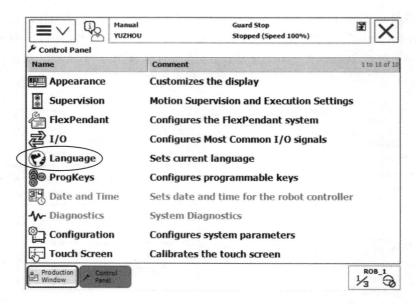

图 3-12   "Language"(语言)选项

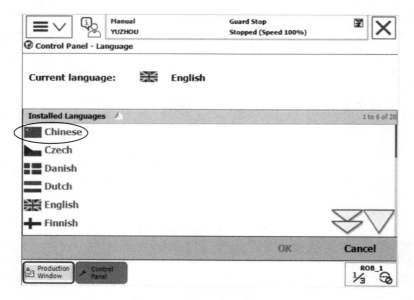

图 3-13   选择目标语言界面

统参数、I/O信号不受影响。

3.设定系统时间

正确的机器人系统时间能够为系统文件管理以及故障查阅与处理提供时间基准,在系统启动后应该尽快将机器人系统时间设定为本地时间。时间设定的操作过程如下。

① 在"控制面板"界面下点击"日期和时间"选项,如图 3-15 所示。

② 通过"＋"或者"－"来完成日期和时间的设定,点击确定后即可完成机器人系统的时间设定,系统时间设定界面如图 3-16 所示。

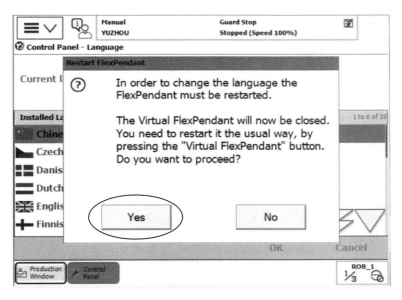

图 3-14　确认示教器重启界面

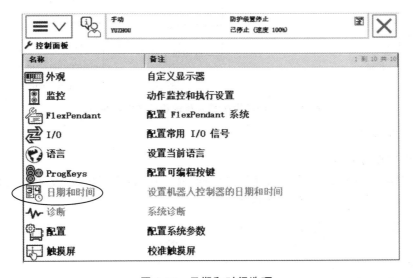

图 3-15　日期和时间选项

3.1.4　数据的备份与恢复

IRC5 型机器人系统的程序、配置都是以文件的形式来备份的,系统备份文件的结构如图 3-17 所示。其中 backinfo 文件夹保存备份和配置的信息,home 文件夹包含 linked_m.sys 和 user.sys 两个系统基础配置文件,syspar 保存系统参数,RAPID 保存用户程序。操作人员在对系统指令和参数做重大修改之前,或者在重大修改已经做出并通过测试之后都应该尽快备份系统。若对指令和参数的修改不满意或者程序系统已损坏,则应该第一时间进行系统恢复。通过外接 USB 设备或者系统自带的大型存储器单元可以进行系统的备份与恢复。

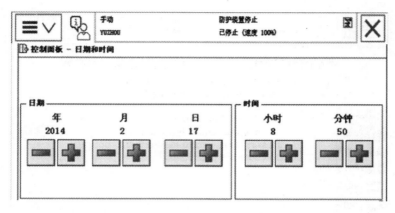

图 3-16　系统时间设定界面

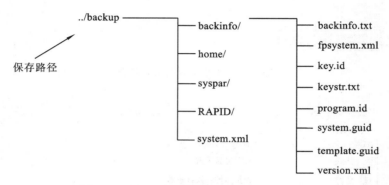

图 3-17　IRC5 型机器人系统备份文件的结构

1. 数据备份

数据备份操作过程如下。

① 在示教器"ABB 主界面"中选择"备份与恢复",在"备份与恢复"菜单中选择"备份当前系统...",备份与恢复界面如图 3-18 所示。

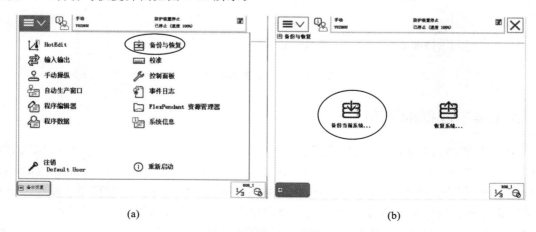

(a)　　　　　　　　　　　　　　　　(b)

图 3-18　备份与恢复界面

② 在"备份当前系统"界面中,点击"ABC..."软键盘给备份文件夹命名,点击"..."进入备份路径选择界面。系统备份操作步骤如图 3-19 所示。

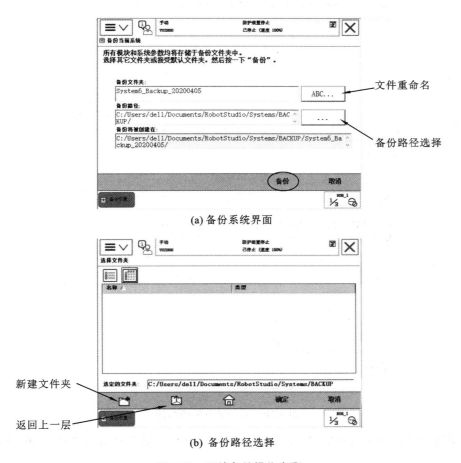

(a) 备份系统界面

(b) 备份路径选择

图 3-19　系统备份操作步骤

③ 在确认了系统备份文件夹的名称和路径之后,点击图 3-19(a)中的"备份",即完成了系统备份的操作。

2. 数据恢复

数据恢复操作过程如下。

① 在"备份与恢复"界面中点击"恢复系统...",进入系统恢复界面。

② 通过"路径选择"找到要恢复的系统文件夹,点击"恢复",并在弹出的警告界面中选择"是",等待系统热启动,即完成了系统的恢复,系统恢复操作界面如图 3-20 所示。

在执行数据的备份与恢复过程中,请注意以下事项。

① 在系统自带的存储单元中进行系统备份时,备份路径和名称由系统自动创建,建议采用系统默认选项。

② 系统会自动检测外接 USB 设备,在系统运行过程中可以进行 USB 设备的插入或拔除操作,但是在进行系统备份与恢复时,切勿拔除 USB 设备。

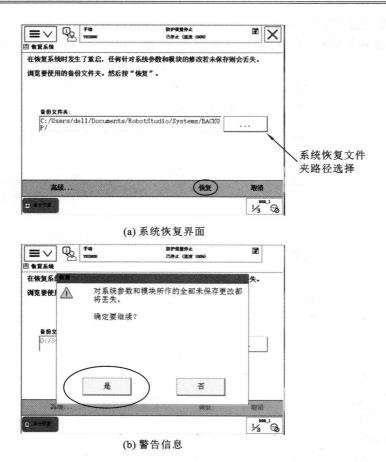

系统恢复文件夹路径选择

(a) 系统恢复界面

(b) 警告信息

图 3-20　系统恢复操作界面

③ 系统备份与恢复过程中,程序的加载、启动、关闭、删除等功能无法操作,但是后台任务将继续运行。

任务 3.2　机器人的坐标系

【任务描述】

　　机器人的运动方向和坐标位置都必须通过坐标系来测量,机器人系统中设置了若干个坐标系,通过本任务的学习,掌握各坐标系的作用以及坐标系的切换方法。

　　机器人系统中可以使用多种坐标系,每一种坐标系都有适用的控制模式或编程方式。

3.2.1　机器人常用坐标系

1. 大地坐标系

　　大地坐标系(world frame)由机器人系统自定义,每个机器人自带一个大地坐标系。大地坐标系原点位于机器人底座正中心,坐标轴方向如图 3-21 所示。在正常配置的机器人系统中,操作者站在机器人的前方并在大地坐标系或基坐标系中手动线性控制机器人,将操纵杆拉向自己一侧时,机器人将沿 x 轴移动;向左右两侧移动操纵杆时,机器人将沿 y 轴移动;扭动操纵杆,机器人将沿 z 轴移动。

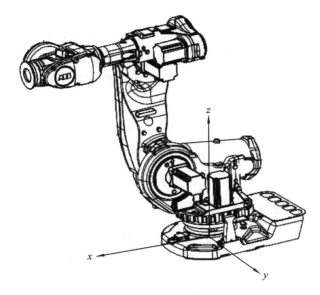

图 3-21　大地坐标系

　　大地坐标系是机器人坐标系的基准,其他坐标系都是相对于大地坐标系来进行定位与定向的。

2. 基坐标系

　　通常情况下,机器人的基坐标系(base frame)与大地坐标系重合,可以看成是同一个坐标系。机器人线性运动模式下,机器人默认使用基坐标系。基坐标系的坐标原点位置及坐标轴方向是可以修改的,这在一些特殊的场合将非常实用。例如,在图 3-22 所示的多机协作工作站中集成了两台机器人,1 号机器人正向安装,2 号机器人倒置安装,2 号机器人基坐标系的坐

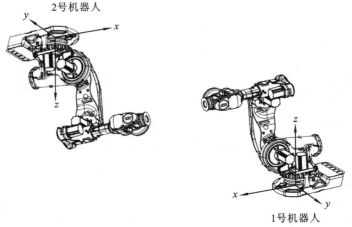

图 3-22　多机协作工作站

标轴指向与 1 号机器人坐标轴指向完全相反,这将给操作者带来操作和编程上的困难。在这种情况下,可以修改 2 号机器人的基坐标系,使得 2 号机器人的基坐标系坐标轴指向与 1 号机器人统一。

基坐标系的修改由 7 个参数控制,参数说明如表 3-2 所示。基坐标系的修改界面如图 3-23 所示,在对应参数栏中填入坐标偏移值即可完成基坐标系的修改,偏移值的单位为 m,最大偏移范围为±1000。基坐标系的修改属于机器人系统参数修改,应慎重。

表 3-2 基坐标系修改参数说明

参　数	使 用 说 明
Base Frame x	基坐标原点相对于大地坐标系 x 轴方向的偏移量
Base Frame y	基坐标原点相对于大地坐标系 y 轴方向的偏移量
Base Frame z	基坐标原点相对于大地坐标系 z 轴方向的偏移量
Base Frame q1	基坐标系的坐标轴与大地坐标系的坐标轴的方向关系: 若坐标轴方向相同,四个参数设为(1,0,0,0) 若 z 轴方向相反,四个参数设为(0,1,0,0) 若 x 轴和 z 轴方向相反,四个参数设为(0,0,1,0)
Base Frame q2	
Base Frame q3	
Base Frame q4	

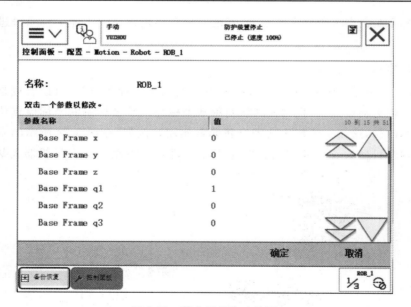

图 3-23 基坐标系修改界面

3．工件坐标系

工件坐标系(work object frame)是用户自定义的坐标系,其坐标原点和坐标轴方向根据加工工件的实际情况来确定,主要在机器人手动操纵和编程过程中使用。根据工件实际情况定义工件坐标系,可以使操纵杆方向与工件运动方向重合,提高机器人手动操纵效率,并且为机器人运动指令编程提供一个良好的参考原点,避免复杂的坐标换算。

4. 工具坐标系

工具坐标系(tool frame)是用户自定义的坐标系,其坐标原点和坐标轴的方向根据机器人末端执行器(工具)的实际情况来确定。图 3-24 所示的是不同工具的工具坐标系状态。工具坐标系建立后,将跟随机器人末端执行器一起在空间中运动,机器人在空间中的点位坐标实际上是工具坐标系原点在基坐标系上的坐标值,而机器人的姿态实际上是工具坐标系相对于基坐标系的坐标轴夹角。机器人重定位运动的默认坐标系为工具坐标系。

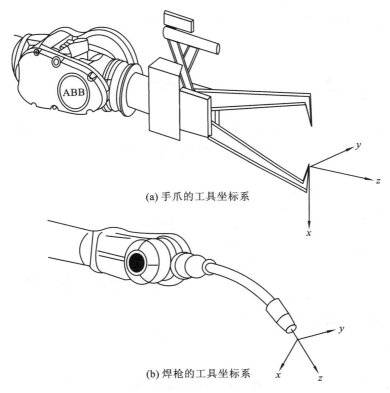

(a) 手爪的工具坐标系

(b) 焊枪的工具坐标系

图 3-24 不同工具的工具坐标系状态

3.2.2 机器人坐标系切换

在机器人手动操纵过程中,切换坐标系的操作步骤如下。

① 在"ABB 主界面"中,点击"手动操纵",手动操纵选择界面如图 3-25 所示。

② 在"手动操纵"界面下,点击"坐标系",进入坐标系选择界面,如图 3-26 所示。

③ 在图 3-26(b)所示界面选择需要的坐标系类型后点击"确定",就完成了坐标系切换的操作。

机器人运动模式对于坐标系的切换有一定的限制。单轴运动模式下,不允许切换坐标系。线性运动和重定位模式下,可以切换所有的坐标系。

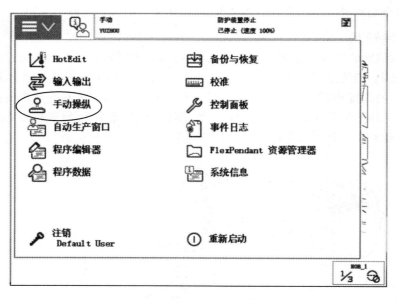

图 3-25　手动操纵选择界面

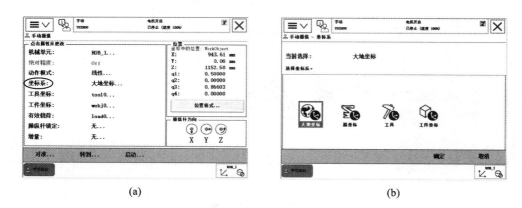

(a)　　　　　　　　　　　　　　　　(b)

图 3-26　坐标系选择界面

任务 3.3　机器人的动作模式

【任务描述】

机器人在手动操纵时有三种动作模式。通过本任务的学习,掌握各种动作模式的运动规律以及动作模式的切换方法。

3.3.1　动作模式的类型

机器人在手动操纵时,有三种动作模式,每一种动作模式都有其独特的运动规律。

1. 单轴运动

使用示教器上的操纵杆分别操纵机器人本体上的 6 个关节轴的运动被称为单轴运动,机器人的 6 个关节轴的位置如图 3-27 所示。单轴运动常被用于机器人安装与调试过程之中,特别是机器人进入了奇点或者危险位置的情况下,准确地控制机器人的各关节轴单独运动是操作者应该掌握的一项重要技能。

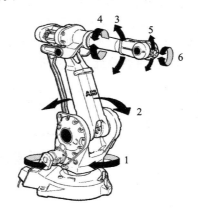

图 3-27　机器人的 6 个关节轴的位置

2. 线性运动

线性运动是指机器人的多个关节电动机联动,使得机器人末端执行器的工具中心点(tool center point,TCP,工具坐标系的原点)沿着坐标轴的方向直线运动。线性运动时,选定的坐标系将直接决定机器人的运动方向。

3. 重定位运动

重定位运动是指机器人多轴联动,使得机器人的 TCP 在空间中绕着工具坐标系的各坐标轴旋转,此时工具中心点的空间位置并不移动。重定位运动常用于机器人绕着工具坐标系做姿态的调整以及工具定向。如图 3-28 所示,焊接机器人通过重定位运动在多个姿态下实现了焊丝到达同一点。

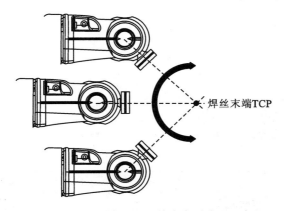

焊丝末端TCP

图 3-28　机器人以不同的姿态到达同一点

3.3.2　动作模式的切换

1. 操纵前检查

在进行机器人手动操纵之前,需要做好以下检查工作。

① 启动前检查:确定机器人模式钥匙已切换为"手动减速"状态,且电动机上电状态正常。

② 机械单元选择:如图 3-29 所示,在"手动操纵"界面中点击"机械单元",系统以列表的形式显示所有可操纵的机器人本体以及外轴(变位机或者导轨),选择需要操纵的机器人并点击"确定"。如果是单一的机器人系统,可忽略此检查步骤。

(a) 手动操纵界面　　　　　　　　　　　　(b) 机械单元选择

图 3-29　机械单元选择操作过程

2. 动作模式选择

动作模式选择步骤如下。

① 在"手动操纵"界面中点击"动作模式",弹出如图 3-30 所示的动作模式选择界面。根据机器人的运动需求选择合适的动作模式后,点击"确定"。选择图标"轴 1-3"或者"轴 4-6",

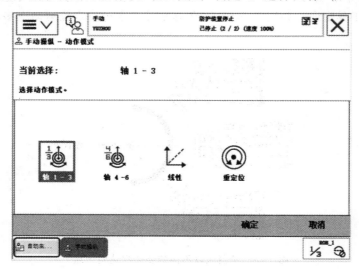

图 3-30　动作模式选择界面

可以分别实现轴 1～3 和轴 4～6 的单轴操纵。

② 根据选择的动作模式,在图 3-26 所示的"坐标系选择"界面中,为机器人的运动选定一个坐标系并点击"确定"。单轴运动模式不需要选择坐标系。

3．运动方向判断

在"手动操纵"界面的右下角,"操纵杆方向"功能用于提示操作者在当前运动模式下,操纵杆移动方向与机器人运动方向之间的对应关系。如图 3-31 所示的单轴运动方向指示界面,为单轴 1～3 运动模式下,操纵杆向右、向下、顺时针旋转三种移动方向将分别实现机器人 1 轴、2 轴、3 轴的正向旋转运动。图 3-32 所示的线性运动方向指示界面,为线性运动模式下,操纵杆向下、向右、逆时针旋转三种方向移动将分别实现机器人 TCP 沿着选定坐标系的 x、y、z 三根坐标轴的正方向直线运动。

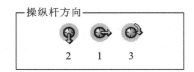

图 3-31　单轴运动方向指示界面

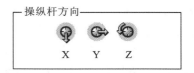

图 3-32　线性运动方向指示界面

4．上电运动

左手四指扣住示教器使能按钮,使其处于中间挡位(接通状态),示教器电动机状态栏显示"电机开启"。轻推操纵杆,即可实现机器人在规定模式下的运动。操纵杆的操纵幅度与机器人运动速度直接相关,操纵幅度越大,机器人的运动速度越快。操作者在初次使用操纵杆时,尽量以小幅度操纵使得机器人缓慢运动,避免出现速度或者方向控制不当造成的事故。

5．动作模式快捷切换

使用示教器上的硬按钮,能够在手动操纵过程中快速地切换动作模式。示教器快捷切换硬按钮如图 3-33 所示。

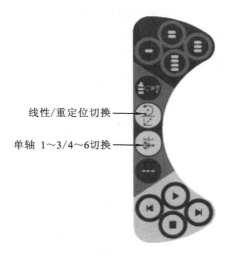

线性/重定位切换

单轴 1～3/4～6 切换

图 3-33　示教器快捷切换硬按钮

任务 3.4　机器人的零点校准

【任务描述】

机器人断电后,电动机坐标数据由电池供电记录。该数据丢失会导致机器人无法找到零点位置,本任务将介绍机器人零点校准的操作方法。

3.4.1　机器人校准的认识

机器人末端 TCP 点的空间运动由各关节轴的伺服电动机协同工作拟合而成,监测伺服电动机的旋转角度即可利用程序算法得到机器人的空间坐标值。关节轴伺服电动机数据以 calibration data(校准数据)的文件形式存储于串行测量板 SMB 之中,系统上电时该数据会自动传送到机器人系统之中,系统通过实时调用该数据来控制机器人的准确运动。该数据丢失将导致机器人线性运动以及重定位运动无法使用,必须通过校准的操作来使得数据恢复。

出现以下情况时需要进行机器人校准操作:

① 更换伺服电动机转数计数器电池;

② 转数计数器发生故障,进行了修复的操作;

③ 转数计数器与 SMB 之间连接断开;

④ 按下电动机制动释放按钮,并移动了机器人;

⑤ 系统报警提示"10036 转数计数器未更新"。

工业机器人的校准方式有以下几种。

① 使用系统自带的校准程序(CalPend 或 RefCal)进行机器人标准校准,这种校准方式自动化程度高,校准精度高,但是需要专用的校准工具和传感器。

② 绝对精度校准,该方法用于配置了绝对精度功能的机器人的校准,需要专用的 CalibWare 工具包。

③ 手工校准,手工校准的精度相对较低但是操作简单,在工程中得到了广泛的应用。

本书介绍机器人手工校准的操作方法。

3.4.2　机器人校准的操作

1. 机械原点位置

将机器人各关节轴调整至机械原点位置是校准的第一步。机械原点位置在机器人各关节轴上以刻度标记的形式出现。如图 3-34 所示的 IRB1410 型机器人机械原点,展示了该机器人各关节轴的原点位置分布与标记形式。

校准时采用单轴手动操纵模式,按照 4—5—6—1—2—3 的顺序将各轴依次运动到机械原点位置。不同型号机器人的机械原点位置标记并不相同,校准前需要查阅该型号机器人的具体参数信息。

2. 编辑电动机校准偏移值

在机器人背面的标签上,印刷着 6 台电动机的校准偏移值,电动机校准偏移值如图 3-35 所示。

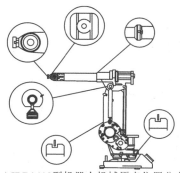

(a) IRB1410 型机器人机械原点位置分布

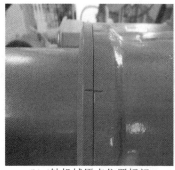

(b) 4 轴机械原点位置标记

(c) 5 轴机械原点位置标记

(d) 6 轴机械原点位置标记

(e) 1 轴机械原点位置标记

(f) 2 轴机械原点位置标记

(g) 3 轴机械原点位置标记

图 3-34　IRB1410 型机器人机械原点

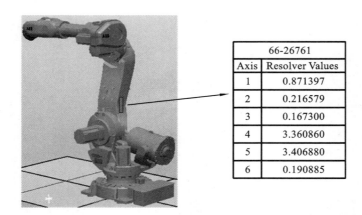

66-26761	
Axis	Resolver Values
1	0.871397
2	0.216579
3	0.167300
4	3.360860
5	3.406880
6	0.190885

图 3-35　电动机校准偏移值

手工校准时要将电动机校准偏移值输入系统之中,操作过程如下。

① 在"ABB 主界面"中选择"校准",系统以列表的形式列出所有的机械单元,选择需要校准的机械单元。校准机械单元的操作步骤如图 3-36 所示。

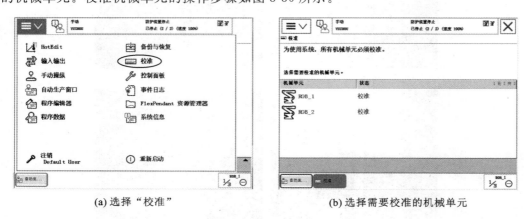

(a) 选择"校准"　　　　　　　　　　　(b) 选择需要校准的机械单元

图 3-36　校准机械单元的操作步骤

② 在"校准"界面中,点击"校准 参数"的子功能"编辑电机校准偏移...",在系统弹出的警告信息界面中点击"是",如图 3-37 所示。

③ 在图 3-38 所示的输入电动机偏移值界面,通过图 3-38(a)中的数字键盘将机器人印刷标签上的 6 台电动机校准偏移值分别填入"偏移值"一栏中,然后点击"确定",在弹出的系统提示框中点击"是"以重新启动控制器。这样就手工输入了电动机偏移值。

3. 转数计数器更新

转数计数器更新操作的步骤如下。

① 在示教器"校准"界面下,点击"转数计数器"子功能"更新转数计数器...",在系统弹出的警告信息界面中点击"是",如图 3-39 所示。

② 选择需要更新转数计数器的机械单元,已选定的机械单元会以左侧方框打钩的形式表示,点击"确定"后进入下一界面选定需要更新的各轴,然后点击屏幕下方的"更新",在系统弹出的警告信息界面中点击"更新",操作过程如图 3-40 所示的更新转数计数器确认步骤。对于多机器人系统而言,可以勾选图 3-40(a)中的多个图标,一次性更新多台机器人的转数计数器数据。

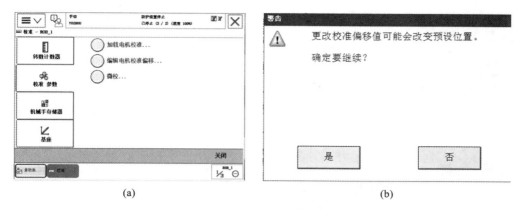

(a)   (b)

图 3-37 校准电动机偏移

(a) 输入偏移值   (b) 重新启动控制器

图 3-38 输入电动机偏移值

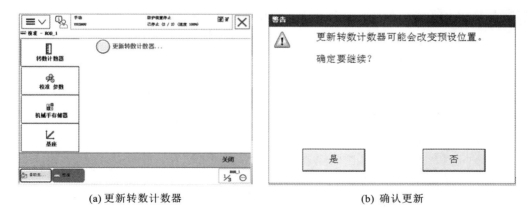

(a) 更新转数计数器   (b) 确认更新

图 3-39 转数计数器更新功能选择

4. 校准位置检测

机器人经过校准操作之后,需要检查校准是否成功。手动操纵或者编程两种方式都可以进行校准检测,本书将简单介绍手动操纵校准检测的方法,对于编程检测法,读者可以在学习了本书项目 5(机器人相关编程指令)之后,参阅机器人产品说明书中关于校准检测的相关内容。

(a) 机械单元确认

(b) 关节轴电动机确认

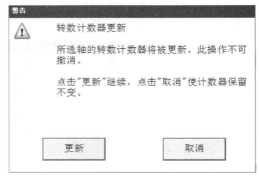

(c) 确认更新

图 3-40 转数计数器更新确认步骤

手动操纵下进行校准检测的操作过程如下。

① 在"ABB 主界面"中选择"手动操纵",通过单轴运动模式,控制机器人 1、2、3 轴转动。将机器人 1~3 轴手动运行至示教器上轴位置值为零的位置,如图 3-41 所示。

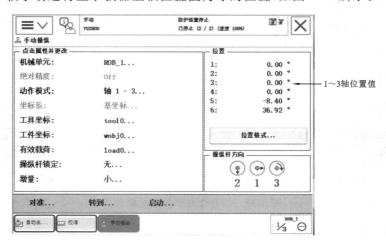

图 3-41 轴位置值为零

② 检查机器人本体结构中 1、2、3 轴机械原点位置标记是否正确对齐。如果标记对齐,则校准位置检测通过;如果标记没有对齐,则需要重新更新转数计数器。

习　　题

一、简答题

1. 机器人示教器上主要有哪些按钮？各按钮的主要功能是什么？

2. 如何关闭机器人系统？

3. 简述机器人解除急停并恢复的操作步骤。

4. 示教器操作环境主要配置哪几个方面？

5. 机器人系统中的坐标系有哪几种？各有什么特点与作用？

6. 机器人手动操纵有几种运动模式？

7. 机器人校准操作主要有哪些步骤？

二、实操题

1. 开启机器人系统并配置示教器操作环境,机器人校准后,选择合适的动作模式,将机器人移动至图 3-42 所示的姿态位置,并记录机器人各轴的位置值。

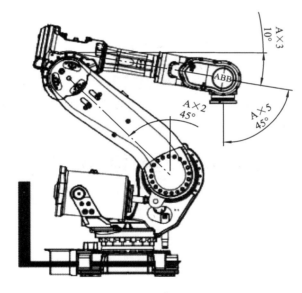

图 3-42

2. 利用重定位运动将机器人的工具末端以 4 种姿态对准参考点,如图 3-43 所示。

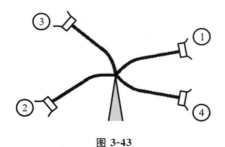

图 3-43

项目 4　工业机器人的坐标设定

【技能目标】

1. 能够对空间点、坐标轴的位姿进行描述；
2. 能够根据需要完成工具坐标设置；
3. 能够根据需要完成工件坐标设置；
4. 能够结合实际对有效载荷进行设定。

【知识目标】

1. 了解工业机器人坐标设定的意义；
2. 掌握工业机器人工具坐标建立的过程及操作方法；
3. 掌握工业机器人工件坐标建立的过程及操作方法；
4. 掌握工业机器人有效载荷设定的方法及步骤。

本项目主要介绍工业机器人坐标设定的意义及工具坐标、工件坐标、有效载荷的设定方法和操作步骤。通过本项目的学习，了解工业机器人坐标设定的意义，掌握创建、定义、编辑工具坐标、工件坐标及有效载荷的操作过程。

任务 4.1　坐 标 变 换

【任务描述】

工业机器人的坐标系之间的运动关系可以通过坐标变换进行相互转换，了解各个坐标系之间的转换关系及应用特点。

工业机器人的相邻杆件之间的旋转运动或平移运动在数学上可以用矩阵代数来表达，这种表达称为坐标变换。与旋转运动对应的是旋转变换，与平移运动对应的是平移变换。

在编程之前需要明确机器人在轨迹运行时工作点（TCP）的位置参数，机器人的坐标系之间的转换关系如图 4-1 所示。

任务 4.2　工具坐标设定

【任务描述】

工业机器人的工具坐标系可以描述工具在空间的位姿。通过本任务的学习，掌握工具坐标的创建、设定、编辑等操作。

所有机器人在手腕处都有一个预定义的工具坐标系，该坐标系称之为 tool 0。安装工具之后，需要重新定义工具坐标。在实际应用过程中，机器人所使用的工具多数形状不规则，很

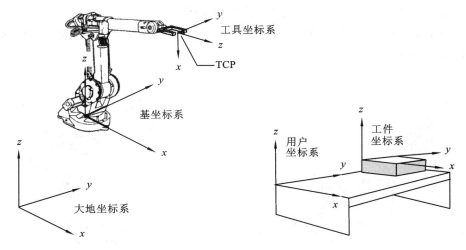

图 4-1 机器人的坐标系之间的转换关系

难直接计算或测量出新工具坐标与初始工具坐标之间的相对位置关系。

4.2.1 工具数据

工具数据是用于描述安装在机器人第 6 轴上的工具的工具中心点（tool center point，TCP）、质量、重心等参数的数据。

一般不同的机器人会配置不同的工具，比如说涂胶的机器人就使用胶枪作为工具，而用于搬运板材的机器人就会使用吸盘式的夹具作为工具，工具坐标示例如图 4-2 所示。

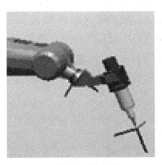 

(a) 胶枪工具坐标   (b) 吸盘工具坐标

图 4-2 工具坐标示例

默认工具（tool 0）的工具中心点 TCP 位于机器人安装凸缘的中心，z 轴垂直于机器人第 6 轴法兰平面指向外，xy 平面与机器人第 6 轴法兰平面一致。图 4-3 中 A 点就是 tool 0 的工具中心点，即原始的 TCP。

4.2.2 TCP 的设定

1. TCP 的设定步骤

① 在机器人的工作范围内找一个非常精确的固定点作为参考点。

② 在工具上确定一个参考点(最好是工具的中心点)。

③ 采用手动操纵的方式,移动工具上的参考点,机器人以四种不同的姿态尽可能与固定点刚好碰上,如图 4-4 所示。

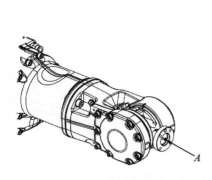

图 4-3　工具中心点

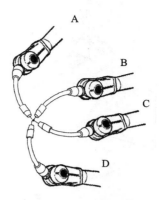

图 4-4　TCP 设定过程

④ 机器人通过这四个位置点的位置数据计算求得 TCP 的数据。

2. TCP 的设定方法

TCP 的设定方法如下。

① 4 点法,不改变 tool 0 的坐标方向,只是转换坐标系的位置。

② 5 点法,TCP 移至新的设定点位置,同时改变 tool 0 的 z 轴方向。第 5 点的运动方向为即将要设定的 TCP 的 z 轴方向。

③ 6 点法,TCP 移至新的设定点位置,同时改变 tool 0 的 x 轴和 z 轴方向。第 5 点的运动方向为即将要设定的 TCP 的 x 轴方向,第 6 点的运动方向为即将要设定的 TCP 的 z 轴方向。

根据机器人使用的工具特点选用不同的 TCP 设定方法。值得注意的是,在 TCP 设定过程中使前三个点的姿态相差尽量大些,这样有利于 TCP 精度的提高。

4.2.3　工具坐标设定

1. 创建新的工具坐标项目

首先在"ABB 主界面"点击"手动操纵",进入如图 4-5 所示的坐标选择界面。

点击图 4-5 中的"工具坐标"选项,进入图 4-6 所示的新建工具坐标界面。

点击图 4-6 中的"新建..."选项,打开图 4-7 所示的创建工具坐标界面。在此界面中,对工具数据进行设定,输入新创建的工具坐标的名称,选择适用范围、存储类型、适用模块等信息。

2. 选择定义 TCP 的方法

创建工具坐标的信息确认完毕,点击"确定",进入如图 4-8 所示的定义 TCP 选择界面。

在图 4-8 所示界面中选中需要定义的工具,点击"编辑",弹出选项卡,选择"定义...",进入如图 4-9 所示的 TCP 定义界面。

在"方法"下拉菜单中选择 TCP 设定的方法,此处选择"TCP 和 Z,X"选项,即使用 6 点法进行 TCP 设定。

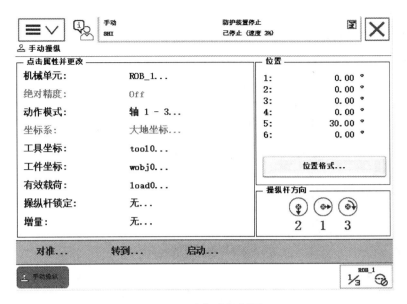

图 4-5　坐标选择界面

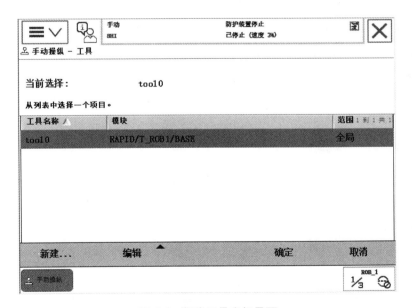

图 4-6　新建工具坐标界面

3. 定义 TCP

首先手动操作机器人工具参考点以图 4-10(a)所示的位姿靠近固定点,然后在如图 4-9 所示的 TCP 定义界面选择"点 1",点击"修改位置",得到如图 4-11 所示的点的定义界面。那么,第 1 个点就定义完成。

接着,手动操作机器人工具参考点以图 4-10(b)所示的位姿靠近固定点,在如图 4-11 所示的界面选择"点 2",点击"修改位置",点 2 定义完成。

图 4-7　创建工具坐标界面

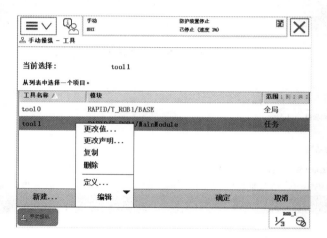

图 4-8　定义 TCP 选择界面

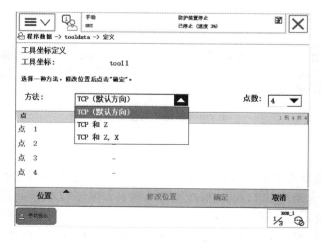

图 4-9　TCP 定义界面

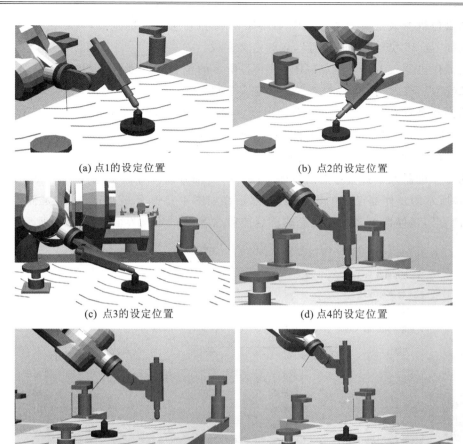

(a) 点1的设定位置　　　　　　　　(b) 点2的设定位置

(c) 点3的设定位置　　　　　　　　(d) 点4的设定位置

(e) 延伸器点X的设定位置　　　　　　(f) 延伸器点Z的设定位置

图 4-10　TCP 设定过程中的 6 个点的设定位置

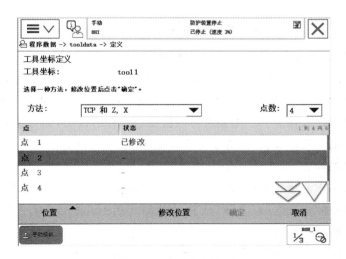

图 4-11　点的定义界面

　　手动操作机器人工具参考点以图 4-10(c)所示的位姿靠近固定点,然后在如图 4-11 所示的界面选择"点 3",点击"修改位置",点 3 定义完成。

　　手动操作机器人工具参考点以图 4-10(d)所示的位姿靠近固定点,然后在如图 4-11 所示的界面选择"点 4",点击"修改位置",点 4 定义完成。

　　手动操作机器人工具参考点沿着即将设定的 x 轴方向离开固定点 20~50 cm 距离,至如图 4-10(e)所示的延伸器点 X 的设定位置,然后在如图 4-11 所示的界面选择"延伸器点 X",点击"修改位置",延伸器点 X 的定义完成。

　　手动操作机器人工具参考点沿着即将设定的 z 轴方向离开固定点 20~50 cm 距离,至如图 4-10(f)所示的延伸器点 Z 的设定位置,然后在如图 4-11 所示的界面选择"延伸器点 Z",点击"修改位置",延伸器点 Z 的定义完成。延伸器点 X、Z 的定义界面如图 4-12 所示。

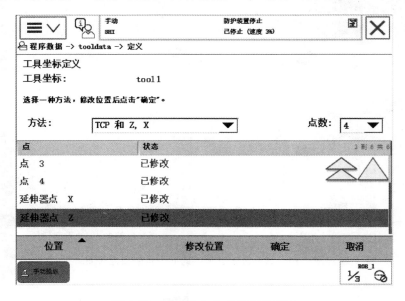

图 4-12　延伸器点 X、Z 的定义界面

　　值得注意的是,在设置点 X、Z 时,参考点移开固定点的距离一般在 20~50 cm 之间。

　　6 个点定义完成后,点击"确定",进入如图 4-13 所示的工具坐标误差确认界面。平均误差结果指的是根据计算的 TCP(工具中心点)所得到的接近点到定义点的平均距离。最大误差是所有接近点中的最大误差。结果是否可以接受很难作出确切判断,这取决于使用的工具、机器人类型等。一般来说,平均误差为十分之几毫米,可认为计算准确。如果定位合理精确,那么计算结果也会准确。

　　由于机器人被用作测量机器,因此误差结果还取决于机器人工作区域内的定位位置。工作区域内不同部件中的定义之间,实际 TCP 的差异可达到几毫米(对于大型机器人)。如果以后的 TCP 校准接近于之前的校准,则可重复性将提高。

　　在图 4-13 所示的工具坐标误差确认界面中点击"确定",界面返回至图 4-8 所示的定义 TCP 选择界面。

图 4-13 工具坐标误差确认界面

4. 定义工具的重量

在图 4-8 所示的定义 TCP 选择界面,选中刚定义完成的工具,点击"编辑",弹出选项卡,选择"更改值...",进入如图 4-14 所示的工具重量参数输入界面。在此界面输入工具的实际重量,单位是 kg。输入完毕,点击"确定"。

图 4-14 工具重量参数输入界面

5. 输入工具重心参数

在图 4-8 所示的定义 TCP 选择界面,选中刚定义完成的工具,点击"编辑",弹出选项卡,选择"更改值...",进入如图 4-15 所示的工具重心参数输入界面。在此界面输入工具的重心在 tool 0 坐标系下的坐标(x,y,z),单位是 mm。输入完毕,点击"确定"。

图 4-15　工具重心参数输入界面

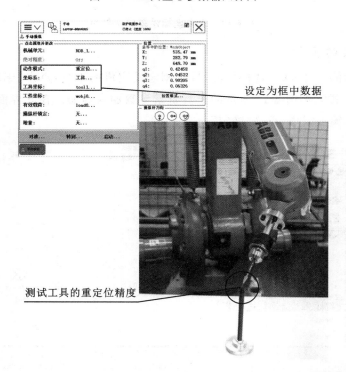

图 4-16　重定位操作界面

6. 验证工具坐标

工具坐标设定完成后,需要对其精确度进行验证,在如图 4-16 所示的重定位操作界面进行工具坐标的精确度验证。动作模式选择"重定位",坐标系选择"工具坐标",工具坐标选择需要验证的工具坐标"tool 1",手动操纵机器人做姿态变换,即绕各轴运动。如果 TCP 设定准确的话,可以看到工具参考点与固定点始终保持接触,观察新设的 TCP 与固定点之间的相对位移,确保误差在规定范围之内。

4.2.4　吸盘类工具坐标设定

对于搬运类的工具,例如吸盘类工具,经常采用直接输入法进行工具坐标的设定。如图 4-17 所示的吸盘工具,质量为 1 kg,重心从默认 tool 0 的 z 轴正方向偏移 120 mm,TCP 设在吸盘的接触面上,从默认 tool 0 的 z 轴正方向偏移了 208 mm。

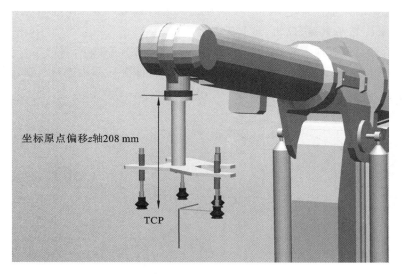

图 4-17　吸盘工具

创建工具坐标的步骤如图 4-5 至图 4-7 所示。在图 4-7 所示界面输入参数完成后,点击"初始值",进入如图 4-18 所示的 TCP 参数输入界面。

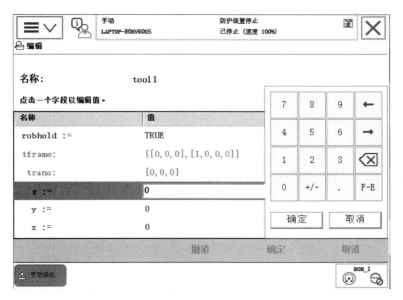

图 4-18　TCP 参数输入界面

在此界面直接输入 TCP 的坐标(x,y,z)。使用下拉箭头,找出对应的重心参数的输入位置和重量的输入位置,输入相关的参数,点击"确定",就完成了吸盘类工具坐标的设定。

任务 4.3　工件坐标设定

【任务描述】

工业机器人的工件坐标系是为了方便对机器人进行编程而建立的坐标系。通过本任务的学习,掌握工件坐标系的创建、设定、编辑等操作。

工件坐标系是为了方便编程而建立的一个坐标系,如图 4-19 所示的工件坐标原理图中,A 是机器人的大地坐标系,B 是工件坐标系,并在这个工件坐标系中进行轨迹编程。

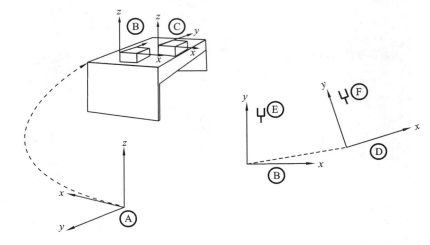

图 4-19　工件坐标原理图

如果工作台上还有一个一样的工件需要走一样的轨迹,那么只需要建立一个工件坐标系 C,将工件坐标系 B 中的轨迹复制一份,然后将工件坐标系从 B 更新为 C,而不需要对一样的、具有重复轨迹的工件进行编程。

在工件坐标系 B 中对 E 对象进行了轨迹编程。如果工件坐标的位置变化成工件坐标系 D,只需在机器人系统重新定义工件坐标系 D,则机器人的轨迹就自动更新到 F 了,不需要再次进行轨迹编程。因为 E 相对于 B 与 F 相对于 D 的关系是一样,并没有因为整体偏移而发生变化。

4.3.1　工件坐标

工件坐标对应于工件,它用来定义工件相对于大地坐标(或者其他坐标)的位置。机器人可以拥有若干个工件坐标,用来表示不同的工件,或者同一个工件在不同的位置的若干个副本。

对机器人进行编程就是在工件坐标中创建目标点和路径轨迹。创建机器人的工件坐标,具有很多优点:重新定位工作站中的工件时,只需要更改工件的坐标位置,所有的路径轨迹即刻被更新;允许操作以外轴或传送导轨移动的工件,因为整个工件可连同其路径一起移动。

4.3.2　工件坐标设定原理

工件坐标是设定在工作平面上的坐标系。在工
作对象的平面上,通过定义 3 个点来建立一个工件
坐标。工件坐标设定原理图如图 4-20 所示,其确定
方式如下。

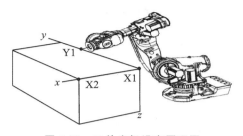

① X1 点确定工件坐标的原点。

② X1、X2 点确定工件坐标的 x 轴正方向。

③ Y1 点确定工件坐标的 y 轴正方向。

④ 工件坐标方向遵循右手定则。

图 4-20　工件坐标设定原理图

4.3.3　工件坐标设定

1. 创建新的工件坐标项目

首先在"ABB 主界面"点击"手动操纵",进入如图 4-5 所示的坐标选择界面。

点击图 4-5 中的"工件坐标"选项,进入图 4-21 所示的新建工件坐标界面。

图 4-21　新建工件坐标界面

在图 4-21 所示界面中点击"新建…"选项,打开图 4-22 所示的创建工件坐标界面。在此
界面,对工件数据进行设定,输入新创建的工件坐标的名称,选择适用范围、存储类型、适用模
块等信息。

2. 选择定义工件坐标的方法

创建工件坐标的信息确认完毕,点击"确定",进入如图 4-23 所示的定义工件坐标选择界
面。

图 4-22 创建工件坐标界面

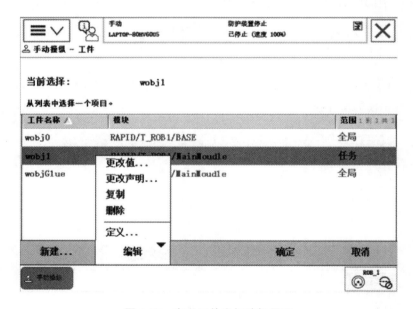

图 4-23 定义工件坐标选择界面

在图 4-23 所示界面中选中需要定义的"工件坐标",点击"编辑",弹出选项卡,选择"定义...",进入如图 4-24 所示的工件坐标定义界面。

在"用户方法"下拉菜单中选择工件坐标设定的方法,此处选择"3 点"选项,即使用 3 点法进行工件坐标设定。

3. 定义工件坐标

首先手动操作机器人工具参考点以图 4-25(a)所示位姿靠近定义工件坐标的 X1 点,然后

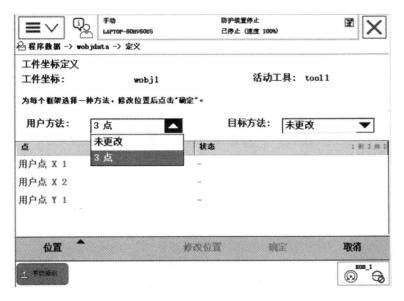

图 4-24　工件坐标定义界面

在如图 4-24 所示的工件坐标定义界面选择"用户点 X1",点击"修改位置",记录下此点的位置信息,得到如图 4-26 所示的 3 个点的定义界面。那么,第 1 个点就定义完成。

图 4-25　3 个点的设定位置

接着,手动操作机器人工具参考点以图 4-25(b)所示位姿靠近定义工件坐标的 X2 点,在如图 4-26 所示的界面选择"用户点 X2",点击"修改位置",记录下此点的位置信息,第 2 个点

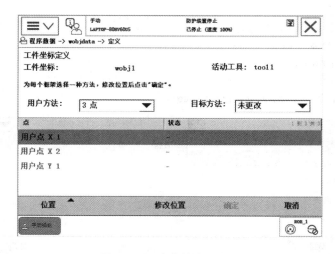

图 4-26 3 个点的定义界面

定义完成。

手动操作机器人工具参考点以图 4-25(c)所示位姿靠近定义工件坐标的 Y1 点,在如图 4-26所示的界面选择"用户点 Y1",点击"修改位置",记录下此点的位置信息,第 3 个点定义完成。

定义完成后,点击"确定",进入如图 4-27 所示的工件坐标信息确认界面。点击"确定",界面返回至图 4-23 所示的定义工件坐标选择界面。

图 4-27 工件坐标信息确认界面

4. 验证工件坐标

工件坐标设定完成后,需要对其方向进行验证,在如图 4-28 所示的工件坐标操作界面进行验证。动作模式选择"线性",坐标系选择"工件坐标",工件坐标选择需要验证的工件坐标"wobj1",手动操纵机器人做线性运动,即沿各轴运动,可以看到工具参考点会沿着新定义的工件坐标做线性运动。

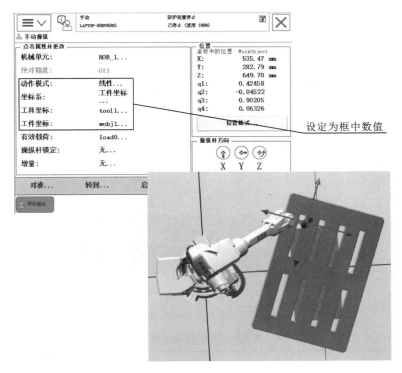

图 4-28　工件坐标操作界面

任务 4.4　有效载荷设定

【任务描述】

工业机器人的有效载荷是一项重要的指标，它直接反映出机器人所能承受的极限重力，或者运动系统能够良好运行下的承重能力。通过本任务的学习掌握有效载荷设定的步骤。

4.4.1　有效载荷

对于搬运机器人来说，搬运工具在搬运工件前和搬运过程中整体的质量要发生变化。因此，搬运机器人不但需要设定夹具的质量、重心工具数据（tooldata），还需要设定搬运对象的质量、重心、有效载荷数据（loaddata）。搬运工具的有效载荷如图 4-29 所示。

4.4.2　有效载荷参数

对有效载荷数据要根据实际的情况进行设定。设置有效载荷的参数，如质量、重心、力矩轴方向及转动惯量的方法为分别输入有效载荷的质量、重心、力矩轴方向及转动惯量，设置的内容详见表 4-1。

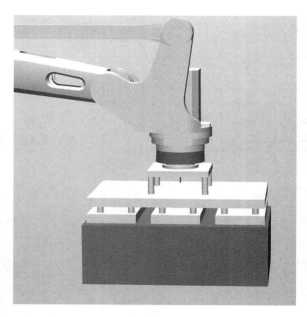

图 4-29   搬运工具的有效载荷

表 4-1   有效载荷的参数

名　称	参　数	单　位
有效载荷质量	load. mass	kg
有效载荷重心	load. cog. x load. cog. y load. cog. z	mm
力矩轴方向	load. aom. q1 load. aom. q2 load. aom. q3 load. aom. q4	—
转动惯量	Ix Iy Iz	kg·m²

4.4.3　有效载荷设定

1. 创建新的有效载荷

首先在"ABB 主界面"点击"手动操纵",进入如图 4-5 所示的坐标选择界面。

点击图 4-5 中的"有效载荷"选项,进入图 4-30 所示的新建有效载荷界面。

在图 4-30 所示界面中点击"新建..."选项,打开图 4-31 所示的创建有效载荷界面。在此界面,对有效载荷数据进行设定,输入新创建的有效载荷的名称,选择适用范围、存储类型、适用模块等信息。

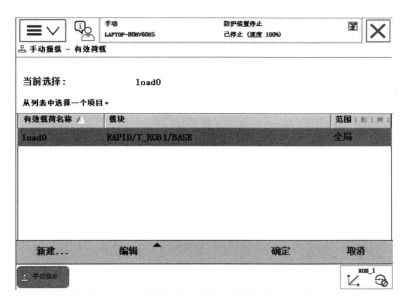

图 4-30 新建有效载荷界面

图 4-31 创建有效载荷界面

2. 定义有效载荷

创建有效载荷的信息确认完毕,点击"初始值",进入如图 4-32 所示的有效载荷参数输入界面。在此界面,通过下拉箭头,显示出需要输入的选项,根据实际需要,对有效载荷的参数进行输入,输入的具体项目参考表 4-1。设置完成后显示如图 4-33 所示的有效载荷设置完成界面。

在后续搬运轨迹的编程过程中需要对有效载荷的情况进行实时调整,例如夹具夹紧工件

图 4-32　有效载荷参数输入界面

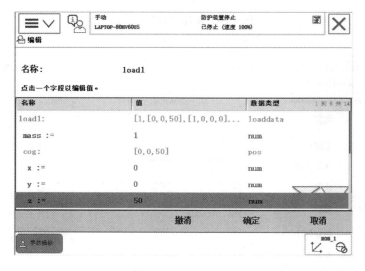

图 4-33　有效载荷设置完成界面

时,需要指定当前的搬运对象的质量和重心 load1;当夹具松开时,要将搬运对象清除为 load0。

习　　题

一、判断题(请将判断结果填入括号中,正确的填"√",错误的填"×")

1. 机械手也可称之为机器人。(　　)

2. 工业机器人刚体的位姿也可以用固连于手部的坐标系的位姿来表示。(　　)

3. TCP 是指工件坐标中心点。(　　)

4. 工具坐标 TCP 的设定方法只有 4 点法。(　　)

5. 工件坐标的设定方法采用 3 点法。(　　)

6. 机器人工件坐标系是为了方便编程建立的一个坐标系。（　　　）

7. 机器人有效载荷包括质量、重心、力矩轴方向,以及有效载荷的转动惯量。（　　　）

二、实操题

1. 利用工具坐标建立的方法知识,使用 6 点法建立工具坐标系。

2. 根据工件坐标设定步骤,建立工件坐标系。

3. 对工业机器人进行有效载荷设定。

项目 5　工业机器人的编程与调试

【技能目标】

1. 能够创建机器人的基本程序；
2. 能够调试、修改机器人的现有程序；
3. 能够使用基本运动指令编写并调试程序；
4. 能够使用常用的逻辑指令编写并调试程序；
5. 能够使用功能函数指令编写并调试程序。

【知识目标】

1. 了解机器人的程序结构；
2. 掌握机器人的程序创建步骤及参数意义；
3. 掌握机器人程序的调试步骤；
4. 掌握机器人基本运动指令的参数意义及典型应用；
5. 掌握机器人常用逻辑指令、功能函数的参数意义及典型应用。

本项目重点介绍机器人常用的编程指令及程序的编写、调试过程。通过对本项目的学习，初步掌握机器人的基本编程指令的典型应用，机器人程序的结构分析，查看、创建程序模块，查看、创建、编写、调试例行程序的过程及其典型应用示例分析等。本项目以机器人完成常见的基本运动轨迹为例。

任务 5.1　程序结构

【任务描述】

了解机器人程序结构、示教编程及编程语言的特点，查看并分析机器人系统内已有的模块、例行程序信息。

机器人编程分为示教编程、动作级编程、任务级编程三个级别；机器人编程语言分为专用操作语言（如 VAL 语言、AL 语言、SLIM 语言等）、应用已有计算机语言的机器人程序库（如 Pascal 语言、JARS 语言、AR-BASIC 语言等）、应用新型通用语言的机器人程序库（如 RAPID 语言、AML 语言、KAREL 语言等）三种类型。

5.1.1　机器人程序基本框架简介

ABB 机器人的应用程序就是使用 RAPID 语言的特定词汇和语法编写而成的。RAPID 是一种英文编程语言，程序中包含一连串控制机器人的指令，执行这些指令可以实现对机器人的控制操作，例如移动机器人、设置输出信息、读取输入信息等，还能实现决策、重复其他指令、构造程序、与系统操作员交流等功能。

1. RAPID 程序组成

在 ABB 机器人编程中 RAPID 程序由程序模块与系统模块组成。程序模块用于构建机器人的程序，系统模块用于系统方面的控制。编程时可根据不同的用途创建多个程序模块，例如主控制、位置计算、存放数据等程序模块。

每一个程序模块包含程序数据、例行程序、中断程序和功能 4 种对象，程序模块之间的数据、例行程序、中断程序和功能是可以互相调用的。在 RAPID 程序中，只有一个主程序 main，它可置于任意一个程序模块中，作为整个 RAPID 程序执行的起点。

2. RAPID 程序的基本架构

RAPID 程序的基本架构如表 5-1 所示。

表 5-1　RAPID 程序的基本架构

RAPID 程序			
程序模块			系统模块
程序模块（主模块）	程序模块 1	程序模块 2	
程序数据	程序数据	……	程序数据
主程序 main	例行程序	……	例行程序
例行程序	中断程序	……	中断程序
中断程序	功能	……	功能
功能		……	

值得注意的是，机器人程序储存器中，只允许存在一个主程序 main。主程序 main 是一个特别的例行程序，是机器人程序运行的起点，控制机器人程序的流程。所有例行程序与数据无论存在于哪个模块，全部被系统共享。除特殊定义外，所有例行程序与数据的名称必须是唯一的。

5.1.2　查看机器人模块信息

机器人的例行程序都是隶属于某个程序模块，为了便于解读及方便应用，机器人系统内编程时常将针对不同应用及功能的例行程序存放于一个模块内。使用机器人示教器可以进行机器人程序结构内部信息的查看。

1. 进入机器人程序编辑器

在图 5-1 所示的"ABB 主界面"中点击"程序编辑器"，进入查看机器人模块、例行程序信息的界面。

程序信息界面如图 5-2 所示。界面显示出系统上次已加载的例行程序信息。

2. 显示模块

在图 5-2 所示界面中点击"模块"，可显示出当前系统已经存在的模块信息，如图 5-3 所

图 5-1　ABB 主界面

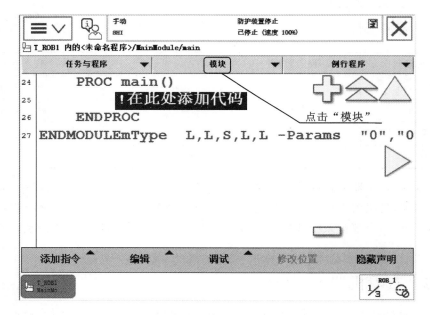

图 5-2　程序信息界面

示。

　　值得注意的是，除了用户自己编写的程序模块外，所有 ABB 机器人都自带两个系统模块：user 模块与 BASE 模块。根据机器人应用不同，有些机器人会配备相应应用的系统模块。建议不要对任何自动生成的系统模块进行修改。

　　3. 查看程序模块信息

　　在图 5-3 所示模块信息界面，选择 MainModule 程序模块，点击"显示模块"，进入该模块内包含的例行程序的信息界面，如图 5-4 所示。

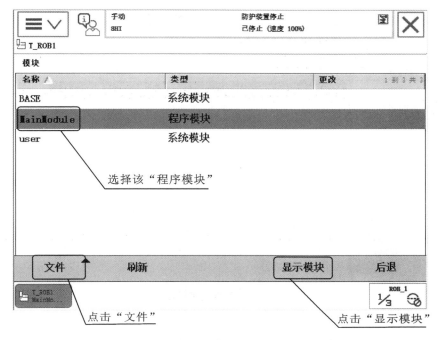

图 5-3 模块信息界面

图 5-4 例行程序信息界面

5.1.3 查看机器人例行程序信息

一个程序模块中可包含不止一个例行程序,每一个例行程序都唯一存在于机器人系统内。
查看机器人例行程序信息时,在图 5-4 所示的例行程序信息界面,选择要查看的例行程序
名称"home()",点击"显示例行程序",进入如图 5-5 所示的例行程序界面。

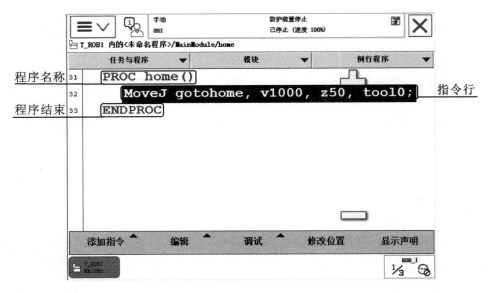

图 5-5　例行程序界面

任务 5.2　程 序 创 建

【任务描述】

机器人的动作运行轨迹是一个个例行程序运行结果的展示。本任务是学会创建新的程序模块、例行程序。

要使机器人完成规定轨迹的动作流程,需要在相应的程序模块中创建相应的例行程序。

5.2.1　创建程序模块

创建程序模块首先要进入机器人程序编辑器,在"ABB 主界面",点击"程序编辑器",进入程序信息界面。界面显示出系统上次已加载的例行程序信息。在此界面上点击"模块",进入模块信息界面,从这里可以开始创建新的模块信息。

点击图 5-3 中的"文件",出现上拉菜单信息,如图 5-6 所示,这里选择"新建模块...",进入如图 5-7 所示的创建模块提示信息界面。

如果继续创建新模块,则点击"是",进入如图 5-8 所示的创建模块信息输入界面。

点击"ABC...",显示键盘输入界面,输入新建模块的名称,如"Module2",同时选择创建的模块类型为程序模块类型,选择"Program"。然后点击"确定",新模块创建完成,创建的新模块界面如图 5-9 所示。

值得注意的是模块名称应以字母开头,可包含字母、数字,总长度不大于 12 个字符。

在图 5-9 所示界面选中模块"Module2",点击"显示模块",进入模块"Module2"的信息界面,如图 5-10 所示。

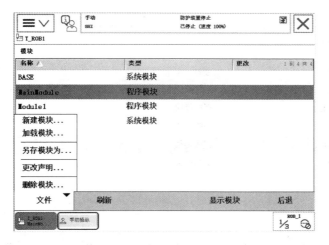

图 5-6　创建模块界面

图 5-7　创建模块提示信息界面

图 5-8　创建模块信息输入界面

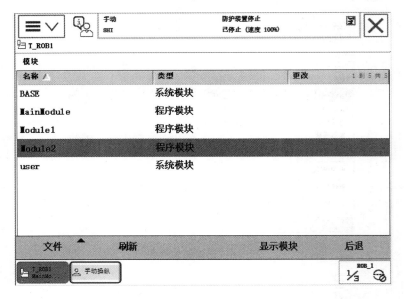

图 5-9　创建的新模块界面

图 5-10　模块"Module2"的信息界面

5.2.2　创建例行程序

1. 创建例行程序

在新建的模块"Module2"中创建例行程序"Routine"。在图 5-10 所示的界面,点击"例行程序",打开"文件"菜单,如图 5-11 所示。

在图 5-11 所示界面选择"新建例行程序...",进入如图 5-12 所示的例行程序参数选择界面。

图 5-11　新建例行程序的界面

图 5-12　例行程序参数选择界面

　　点击"ABC..."打开软键盘,输入例行程序的名称。例行程序名称可以在系统保留字段之外自由定义,但是不可与模块名称重复,命名以字母开头,由字母和数字组成,最长不超过12 个字符。

　　在类型选项中有"程序""功能""陷阱"三个选项,可根据创建的程序类型进行选择。同样,此处可以对创建的例行程序隶属于哪个模块进行选择。

　　各参数选择完成后,点击"确定",进入例行程序创建完成界面,如图 5-13 所示。

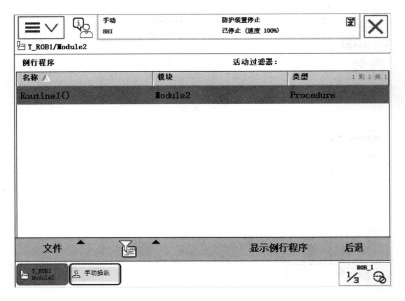

图 5-13　例行程序创建完成界面

2. 示教编程

在图 5-13 所示界面双击新创建的例行程序的名称,或点击"显示例行程序",就可以打开该例行程序编程界面进行编程操作。编程界面如图 5-14 所示。

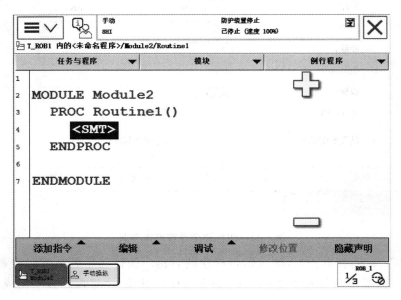

图 5-14　编程界面

在编程界面选中<SMT>位置,点击"添加指令",就可打开指令窗口添加指令了。添加指令窗口如图 5-15 所示。

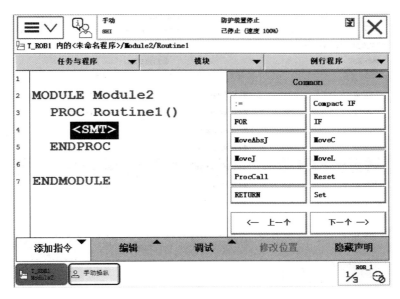

图 5-15　添加指令窗口

任务 5.3　程 序 调 试

【任务描述】

调试、运行机器人系统现有的机器人程序,查看程序的运行结果,展示机器人具体的工作任务。

机器人能完成的指定的工作任务就是调试运行相关的程序,机器人运行此程序的结果。完成了程序的编辑,就可对已经存在的程序进行调试了,调试的目的有以下两个:

① 检查程序的位置点是否正确;

② 检查程序的逻辑控制是否有不完善的地方。

5.3.1　打开程序

在"ABB 主界面",点击"程序编辑器",进入程序信息界面。界面显示出系统上次已加载的例行程序信息。点击"例行程序",进入如图 5-16 所示的例行程序信息界面,从这里可以选择要调试运行的程序。

图 5-16 中显示的例行程序信息是包含在同一个程序模块 MainModule 中的。要显示其他程序模块中的例行程序需要先选择相应的程序模块。

选中准备调试的程序,双击该程序的名称,或点击"显示例行程序",则该程序被打开。图 5-17 所示的是 path_10()例行程序打开的界面。

5.3.2　调试程序

调试程序需要打开"调试"选项,在图 5-17 所示界面中点击"调试",打开如图 5-18 所示的

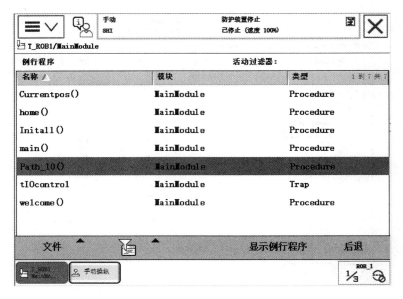

图 5-16　例行程序信息界面

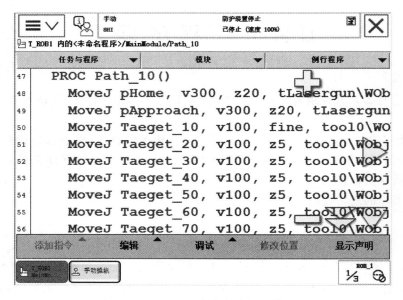

图 5-17　path_10()例行程序打开的界面

调试选项界面。

　　在调试选项界面中,选择"PP 移至例行程序",打开如图 5-19 所示的例行程序显示界面。此时,系统所有的例行程序,不管存在于哪个模块中都可以显示出来,等待选中调试。

　　再次选中"path_10"例行程序,然后点击"确定"。在如图 5-20 所示的程序调试界面中程序行的前端出现程序指针 PP。PP 是一个黄色的小箭头,程序指针永远指向将要执行的指令。

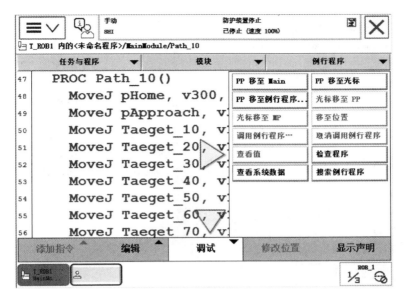

图 5-18　调试选项界面

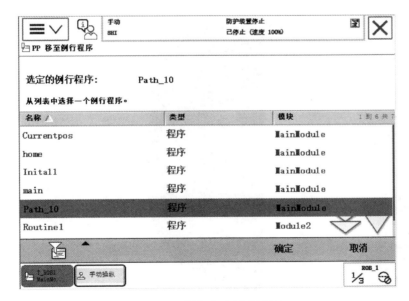

图 5-19　例行程序显示界面

5.3.3　手动运行

1. 单步运行

图 5-21 所示的是运行程序操作面板,左手按下使能键,使机器人系统进入"电动机开启"状态,按一下"单步向前"键,并小心观察机器人的移动。可以看到机器人开始动作,同时,在指令行的左侧出现一个小机器人图标,说明机器人已到达该指令行所指示的位置点上。值得注意的是在按下"程序停止"键后,才可松开使能键,否则机器人电动机频繁地突然断电,会缩短电动机寿命。

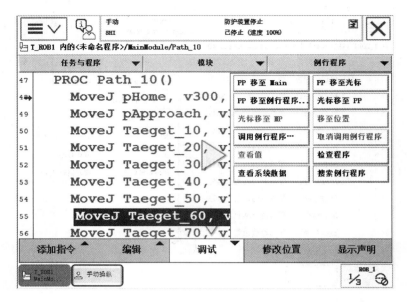

图 5-20　程序调试界面

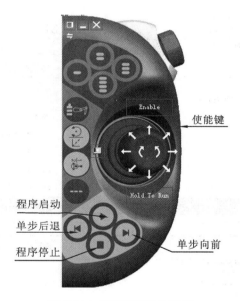

图 5-21　运行程序操作面板

2．连续运行

单步调试适合验证运动指令的位置是否合适,连续动作调试适合验证运动轨迹是否合适。左手按下使能键,使机器人系统进入"电动机开启"状态,按一下"程序启动"键,并小心观察机器人的移动,可以看到机器人开始连续动作,直至"程序停止"键被按下,机器人才停止动作。

3．单行运行

在同一个调试程序中,可以使用"PP 移至光标",将程序指针移至想要执行的指令行,进行该选定行的指令动作调试。

5.3.4　自动运行

在手动状态下，调试确认运动与逻辑控制正确后，就可以将机器人系统投入到自动运行状态。

将机器人控制柜上的状态钥匙左旋至左侧的自动状态。示教器出现"是否选择自动模式"提示信息。点击"确定"，确认状态的切换。

点击示教器上调试选项界面的"PP 移至 Main"，将 PP 指向主程序的第一句指令。"PP 移至 Main"的界面如图 5-22 所示。

图 5-22　"PP 移至 Main"的界面

示教器屏幕出现提示信息"确定将 PP 移至 Main?"。点击"是"。

按下控制柜上的电动机"启动"按钮，开启电动机。接着按下示教器上的"程序启动"键。这时，可以看到程序已在自动运行过程中。

5.3.5　速度调整

机器人在程序运行过程中可以通过快捷方式来调整当前的运行速度。点击"快捷菜单"按钮，选择"速度"按钮，打开如图 5-23 所示的速度调整快捷方式，可以在此调试程序运行中的机器人的运动速度。

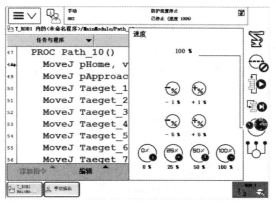

图 5-23　速度调整快捷方式

5.3.6　程序模块的保存

在调试完成并且自动运行确认符合设计要求后,就要对程序模块做一个保存的操作。可以根据需要将程序模块保存在机器人的硬盘或 U 盘上。

在图 5-6 所示的创建模块窗口界面,选中要保存的模块,打开"文件"菜单选项,选择"另存模块为...",就可以将程序模块保存到机器人的硬盘或 U 盘中。

任务 5.4　基本运动指令

【任务描述】

机器人典型的运动轨迹是点到点运动轨迹、直线运动轨迹、圆弧运动轨迹,分析图 5-24 所示的空间基本运动轨迹的路径特点,合理选择示教点,优化机器人的运动速度及轨迹的吻合程度,示教编程,调试运行。

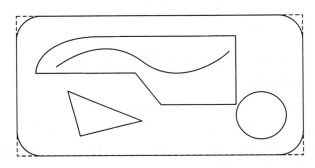

图 5-24　空间基本运动轨迹

工业机器人可以使用其特有的程序指令进行编程,来实现自动化生产线工位的工艺要求路径轨迹的运动。机器人在空间中的运动路径轨迹主要有关节(点到点)运动、线性运动、圆弧运动和绝对位置运动等形式。

5.4.1　关节运动指令

关节运动是在机器人对运动路径的精度要求不高,运动空间范围相对较大,不易发生碰撞的情况下,机器人的工具中心点 TCP 从一个位置移动到另一个位置的运动。两个位置之间的路径不一定是直线,但是可以避免机器人在运动过程中出现关节轴进入机械死点的问题。图 5-25 所示的是关节运动示意图。

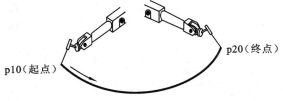

图 5-25　关节运动示意图

1. 关节运动指令解析

关节运动指令用于将机器人的工具中心点 TCP 快速移动至给定目标点,运行轨迹不一定是直线。关节运动指令的格式如下:

$$\underset{①}{\text{MoveJ}}\quad\underset{②}{\text{p20}},\underset{③}{\text{v1000}},\underset{④}{\text{z10}},\underset{⑤}{\text{tool1}}\setminus\underset{⑥}{\text{WObj:=wobj1}};$$

各参数含义如表 5-2 所示。

表 5-2　关节运动指令参数含义

标记	指令参数	含　义	说　明
①	MoveJ	关节运动指令	定义机器人的运动轨迹
②	p20	目标点位置数据	定义机器人 TCP 的运动目标,可以在示教器中点击"修改位置"进行修改
③	v1000	运动速度数据	定义速度,单位是 mm/s,一般最高限速为 5000 mm/s
④	z10	转弯区数据	定义转弯区的大小,单位是 mm,转弯区数值越大,机器人的动作路径就越圆滑与流畅
⑤	tool1	工具坐标数据	定义当前指令使用的工具
⑥	wobj1	工件坐标数据	定义当前使用的工件坐标

2. 关节运动指令示例

关节运动指令的各参数可以通过示教器进行修改,以达到实际生产中的工艺要求。机器人在进入工作路径之前和离开工作路径之后其运动空间通常较大,对路径轨迹没有严格要求,运动速度要求快速且不产生机械死点,使用此指令完成此段的空行程运动,可以提高生产效率。例如机器人从其他位置点回至 home 点位置,或机器人从 home 点位置运动至接近工作路径位置点。如图 5-26 所示的机器人 home 点运动轨迹,程序编写示例如下:

MoveJ　home,v1000,z50,tool1 \WObj:=wobj1;

MoveJ　p20,v1000,z10,tool1 \WObj:=wobj1;

......

MoveJ　home,v1000,z50,tool1 \WObj:=wobj1;

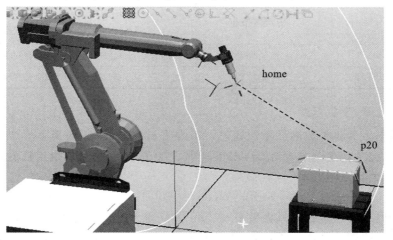

图 5-26　机器人 home 点运动轨迹

5.4.2 线性运动指令

在切割、涂胶等典型应用中,机器人的运动轨迹是相对固定的直线轨迹,工作范围内的运动空间有限,运动路径精度要求高,运动轨迹要求精准。线性运动指令可使机器人的工具中心点 TCP 从起点到终点之间的路径始终保持为直线。此指令使用在对路径要求高的场合。如图 5-27 所示的是线性运动示意图。

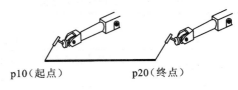

p10(起点)　　　　　　p20(终点)

图 5-27　线性运动示意图

1. 线性运动指令解析

线性运动指令用于将机器人的工具中心点 TCP 沿直线运动至给定目标点,运动路径为直线轨迹。线性运动指令的格式如下:

$$\underset{①}{\underline{MoveL}} \quad \underset{②}{\underline{p20}}, \underset{③}{\underline{v1000}}, \underset{④}{\underline{z10}}, \underset{⑤}{\underline{tool1}} \underset{⑥}{\underline{\backslash WObj:=wobj1}};$$

各参数含义如表 5-3 所示。

表 5-3　直线运动指令参数含义

标记	指令参数	含　义	说　　　明
①	MoveL	直线运动指令	定义机器人的运动轨迹
②	p20	目标点位置数据	定义机器人 TCP 的运动目标, 可以在示教器中点击"修改位置"进行修改
③	v1000	运动速度数据	定义速度,单位是 mm/s,一般最 高限速为 5000 mm/s
④	z10	转弯区数据	定义转弯区的大小,单位是 mm,转弯区数值越大, 机器人的动作路径就越圆滑与流畅
⑤	tool1	工具坐标数据	定义当前指令使用的工具
⑥	wobj1	工件坐标数据	定义当前使用的工件坐标

2. 线性运动指令示例

线性运动指令的各参数同样可以通过示教器进行修改,以达到实际生产中的工艺要求。在实际生产中,经常会遇到要求机器人的工具中心点 TCP 完全到达指定目的地点,而不产生转弯区的尺寸,则指令格式如下:

MoveL　p20,v1000,fine,tool1 \WObj:=wobj1;

此指令中的转弯区数据选择参数 fine,fine 指机器人工具中心点 TCP 在到达目标点时,其速度降为零。机器人动作有所停顿,然后再向下一个目标点运动,如果是一段路径的最后一个点或者是封闭轨迹,则使用 fine。

3．线性运动轨迹编程示例

如图 5-28 所示的机器人运动轨迹中，机器人从当前位置向 p1 点以线性运动的方式前进，速度为 200 mm/s，转弯区数据是 10 mm，即距离 p1 点 10 mm 的时候开始转弯，方向转向下一个 p2 点方向，以线性方式继续前进，速度为 100 mm/s，转弯区数据是 fine，即机器人在 p2 点稍作停顿，继续以关节运动方式前进，速度为 500 mm/s，转弯区数据是 fine，机器人在 p3 点停止。机器人在运动过程中使用工具坐标数据为 tool1，工件坐标数据为 wobj1。

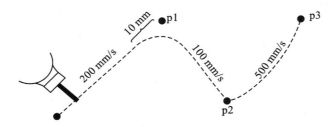

图 5-28 机器人运动轨迹图

机器人的示教程序如下：

MoveL p1，v200，z10，tool1 \WObj：＝wobj1；
MoveL p2，v100，fine，tool1 \WObj：＝wobj1；
MoveJ p3，v500，fine，tool1 \WObj：＝wobj1；

5.4.3 圆弧运动指令

圆弧路径是在机器人可到达的空间范围内定义三个位置点，第一个点是圆弧的起点，第二个点用于圆弧的曲率，第三个点是圆弧的终点。图 5-29 所示的是圆弧运动示意图。

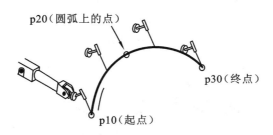

图 5-29 圆弧运动示意图

1．圆弧运动指令解析

圆弧运动指令用于将机器人的工具中心点 TCP 沿圆弧运动至目标点，运动路径为圆弧线轨迹。圆弧运动指令的格式如下：

```
MoveL   p10, v1000, z10, tool1\WObj:=wobj1;
        ①

MoveC   p20, p30, v1000, z10, tool1\WObj:=wobj1;
        ②    ③    ④     ⑤    ⑥    ⑦         ⑧
```

各参数含义如表 5-4 所示。

表 5-4　圆弧运动指令参数含义

标　记	指令参数	含　义	说　明
①	p10	目标点位置数据	机器人当前位置 p10 点作为圆弧的起点，可以在示教器中点击"修改位置"进行修改
②	MoveC	圆弧运动指令	定义机器人的运动轨迹
③	p20	目标点位置数据	p20 点为圆弧上的一点，可以在示教器中点击"修改位置"进行修改
④	p30	目标点位置数据	p30 点为圆弧的终点，可以在示教器中点击"修改位置"进行修改
⑤	v1000	运动速度数据	定义速度，单位是 mm/s，一般最高限速为 5000 mm/s
⑥	z10	转弯区数据	定义转弯区的大小，单位是 mm，转弯区数值越大，机器人的动作路径就越圆滑与流畅
⑦	tool1	工具坐标数据	定义当前指令使用的工具
⑧	wobj1	工件坐标数据	定义当前使用的工件坐标

2. 圆弧运动指令示例

圆弧运动指令的各参数同样可以通过示教器进行修改，以达到实际生产中的工艺要求。由于圆弧运动轨迹的起点不在当前圆弧运动指令中，因此圆弧运动指令一般不作为运动轨迹编程中的第一条指令使用。在实际生产中，经常会遇到圆弧的运动轨迹不是单独的一段，而是由多段圆弧组成，需要进行连续的圆弧轨迹运动。那么第二段圆弧的起点和上一段圆弧的终点可为同一个点，图 5-30 所示的是连续圆弧运动轨迹示意图，相应的程序编写示例如下：

MoveL　p10，v1000，z10，tool1 \WObj：＝wobj1；

MoveC　p20，p30，v1000，z10，tool1 \WObj：＝wobj1；

MoveC　p40，p50，v1000，z10，tool1 \WObj：＝wobj1；

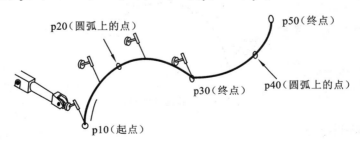

图 5-30　连续圆弧运动轨迹示意图

图 5-30 所示的圆弧运动轨迹中，第一段圆弧的运动轨迹是从 p10 点起始、经 p20 点、到达 p30 点结束，第二段圆弧的运动轨迹是从 p30 点起始、经 p40 点、到达 p50 点结束。

5.4.4　绝对运动指令

绝对运动指令是机器人的运动使用六个轴和外轴的角度值来定义目标位置数据。使用此指令时要求注意机器人各轴的可能运动轨迹,避免发生碰撞。常使用绝对运动指令使机器人的六个轴从当前位置回到机械零点(0°)的位置。

1. 绝对运动指令解析

绝对运动指令用于将机器人的各个关节轴运动至给定位置,运动路径为不确定轨迹。绝对运动指令的格式为:

$$MoveAbsj\ *\backslash NoEOffs, v1000,\ z50,\ tool1\backslash WObj:=wobj1;$$
①　　　②　　③　　④　⑤　⑥　　　　　⑦

各参数含义如表 5-5 所示。

表 5-5　绝对运动指令参数含义

标　记	指令参数	含　义	说　明
①	MoveAbsj	绝对运动指令	定义机器人的运动轨迹
②	*	目标点位置数据	定义机器人 TCP 的运动目标,可以在示教器中点击"修改位置"进行修改
③	\NoEOffs	外轴不带偏移数据	
④	v1000	运动速度数据	定义速度,单位是 mm/s,一般最高限速为 5000 mm/s
⑤	z50	转弯区数据	定义转弯区的大小,单位是 mm,转弯区数值越大,机器人的动作路径就越圆滑与流畅
⑥	tool1	工具坐标数据	定义当前指令使用的工具
⑦	wobj1	工件坐标数据	定义当前使用的工件坐标

2. 绝对运动指令示例

绝对运动指令的各参数同样可以通过示教器进行修改,以达到实际生产中的要求。在实际生产中,经常会遇到要求机器人的各个轴从当前的某一位置回到机械零点(0°)的位置。其指令格式如下:

PERS jointarget jpos10:= [[0,0,0,0,0,0],[9E+09,9E+09,9E+09,9E+09,9E+09,9E+09]];

MoveAbsj　jpos10,v1000,z50,tool1 \WObj:=wobj1;

关节目标点数据中各关节轴为 0°,则机器人运行至各关节轴 0°位置。

5.4.5　基本运动轨迹的示教编程

当前使用的工业机器人编程方法主要为离线编程和示教。采用示教编程可以在调试阶段通过示教控制器对机器人系统的运行轨迹进行编程,对编译好的程序进行逐步执行,调试成功后可投入正式运行。掌握示教编程的编程方式是使用、维修机器人系统所必需的。

目前,相当数量的机器人仍采用示教编程方式。机器人示教后可以立即应用,在实际操作时,机器人会重复示教时存入存储器的轨迹和各种操作过程,如果需要,可以重复多次。

示教编程的优点:简单方便;不需要环境模型;对实际的机器人进行示教时,可以修正机械结构带来的误差。

示教编程的缺点:功能编辑比较困难;难以使用传感器;难以表现条件分支;对实际的机器人进行示教时,要占用机器人。

1. 示教编程前的准备

在"ABB主界面"中选择"手动操纵",进入图5-31所示的手动操作工具坐标和工件坐标选项界面。

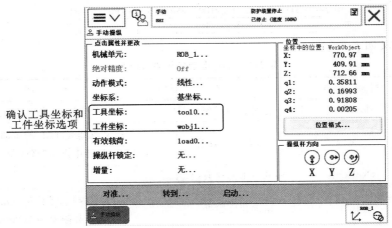

确认工具坐标和工件坐标选项

图5-31 手动操作工具坐标和工件坐标选项界面

在机器人运动指令示教编程之前,或在添加或修改机器人的运动指令之前,一定要确认所使用的工具坐标和工件坐标。

2. 添加运动指令

在图5-32所示的添加指令操作界面,选中的"<SMT>"为添加指令的位置。点击界面左下角的"添加指令"菜单,在界面右侧会出现指令集信息。

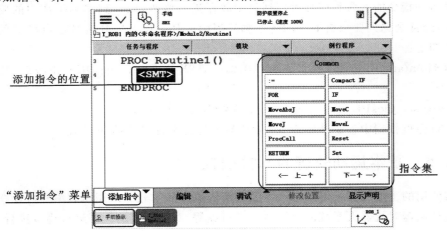

添加指令的位置

指令集

"添加指令"菜单

图5-32 添加指令操作界面

选择需要的指令选项,点击该指令选项,该指令格式会随即出现在左侧添加指令的位置上,该指令即被添加上去。点击指令集中的"MoveJ",则该指令即被添加到程序中,如图5-33所示。

图 5-33　添加关节运动指令

3. 修改运动指令参数

选中关节运动指令中的一项进行修改,如图 5-34 所示的关节运动指令的速度"v1000"选项,双击该选项进入图 5-35 所示的运动指令参数修改界面。

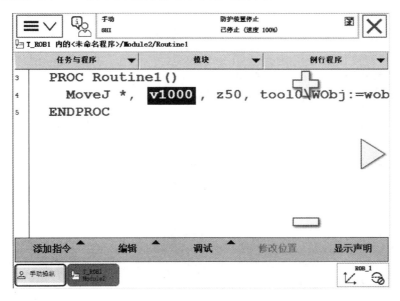

图 5-34　关节运动指令的速度"v1000"选项

根据生产工艺要求选择合适的速度,点击需要的速度选项,点击"确定",该指令中的速度即被修改。同样,转弯区的尺寸、工具坐标数据、工件坐标数据都可以在此界面根据实际需求进行修改。

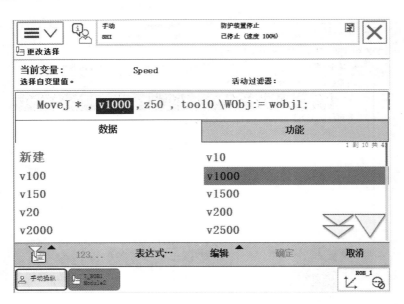

图 5-35　运动指令参数修改界面

若选项中没有合适的参数供选择,可以点击"新建"来重新创建该程序数据。

4. 示教点的意义及命名

在图 5-33 所示界面中点击指令格式中的"＊"选项,进入图 5-36 所示的示教目标点位置数据修改界面。在此界面可以选择现有的目标点位置数据作为示教编程的指令点参数。

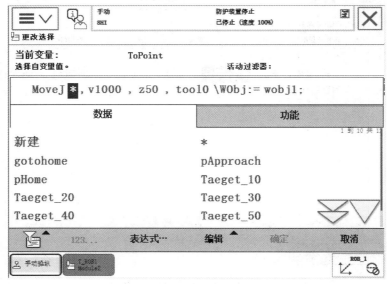

图 5-36　示教目标点位置数据修改界面

同时也可以点击"新建",进行新的目标点位置数据名称的创建,即对示教点进行重新命名。示教点命名界面如图 5-37 所示。

点击软键盘图标,打开如图 5-38 所示的软键盘界面,输入示教点的名称,点击"确定",完

单击，打开软键盘

图 5-37　示教点命名界面

图 5-38　软键盘界面

成示教点的命名,指令参数修改完成后的界面如图 5-39 所示。

　　示教点的名称可由字母和数字组成,最长不超过 12 个字符。一次修改示教点后,再次添加运动指令时,示教点的名称会保持开头字母不变,而后缀数字以 10 递增。再次需要修改示教点的名称时重复上面的步骤。

　　示教点一般以英文含义的字母命名,便于在程序中进行解读和理解。某些特殊含义的示教点命名,可以直接给以英文意思,比如机器人程序的起始点和结束点的示教点以 home 命名,机器人各轴回归机械零点的示教点以 zero 命名。

图 5-39　指令参数修改完成后的界面

5. 手动示教位置

使用示教器手动操作将机器人的工具中心点 TCP 移至需要的示教点上,点击图 5-39 中的"修改位置",机器人下次运行该程序行时,机器人的工具中心点 TCP 就会运动至当前的示教点 p10,则 p10 点的示教编程完成。

6. 运动轨迹示教编程

机器人的运动轨迹的示教编程即依次添加需要的运动指令,根据实际工艺需要修改指令中的程序数据参数。

任务 5.5　逻辑功能指令

【任务描述】

机器人在程序运行过程中经常需要根据实际环境、工艺需求进行一些相关条件的逻辑判断,直到条件满足,才会执行下一步的动作。如图 5-40 所示的轨迹运动中,机器人需要根据条件来判定是执行四边形轨迹还是三角形轨迹或圆弧轨迹。

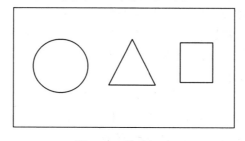

图 5-40　轨迹运动

在实际生产中,经常需要根据生产环境、加工工艺、加工需求等外在条件进行逻辑判断,然后才执行下一步的动作。机器人提供了一系列的条件逻辑判断指令,它用于对条件进行判断后,执行相应的操作。

5.5.1　赋值指令

":="赋值指令用于对程序数据进行赋值。赋值可以是一个常量或数学表达式。

1. 常量赋值

常量赋值是指用固定的常量值进行赋值,可以是数字量、字符串、布尔量等。

例如:用常量数字"5"进行赋值。打开如图 5-41 所示的赋值指令选择界面。

图 5-41　赋值指令选择界面

点击":="赋值指令进入图 5-42 所示的赋值指令参数设定界面。

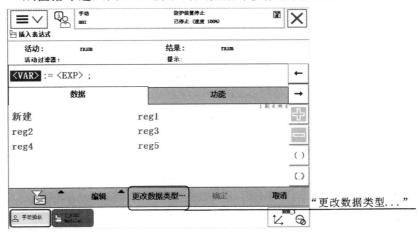

图 5-42　赋值指令参数设定界面

点击"更改数据类型...",进入图 5-43 所示的数据类型选择界面。选择 num 数字型数据。

在列表中找到"num"并选中,然后点击"确定"。数据类型选择完毕,界面重新返回到图 5-42所示的赋值指令参数设定界面。此时可以通过点击"新建"进行赋值数据名称的创建,也

图 5-43 数据类型选择界面

可以选择使用现有的数据名称,如选择现有的数据赋值名称"reg1",如图 5-44 所示的赋值数据名称选择界面。

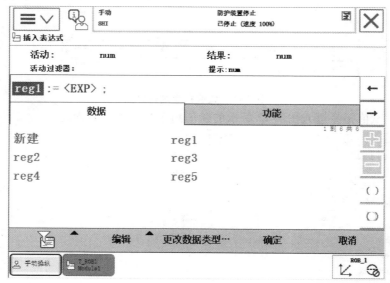

图 5-44 赋值数据名称选择界面

选中赋值语句的表达式部分"<EXP>",此时"<EXP>"显示为蓝色高亮,打开"编辑"菜单,选择"仅限选定内容",如图 5-45 所示的赋值操作界面。

进入软键盘打开界面,通过软键盘输入数字"5",然后点击"确定"完成数字赋值,如图5-46所示的赋值完成界面。

在图 5-46 所示界面点击"确定",可以看到赋值指令语句行已经添加成功,如图 5-47 所示的赋值语句行界面。

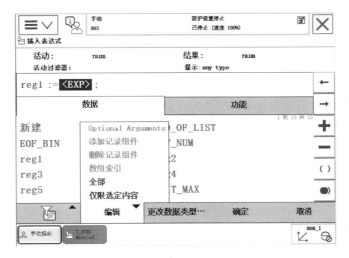

图 5-45　赋值操作界面

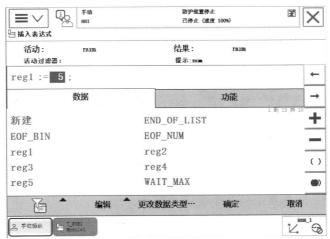

图 5-46　赋值完成界面

图 5-47　赋值语句行界面

2. 添加带数学表达式的赋值语句指令

带数学表达式的赋值语句指令可以在表达式内部对各个子表达式进行一些相关的数学运算,最终以计算结果进行赋值。每个子表达式可以是数字常量,也可以是赋值数值。

例如:将数学表达式"reg1+4"赋值给"reg2"。

在图 5-47 所示的界面再次选择":="赋值指令,进行 reg2 的赋值操作,进入如图 5-48 所示的赋值操作界面。

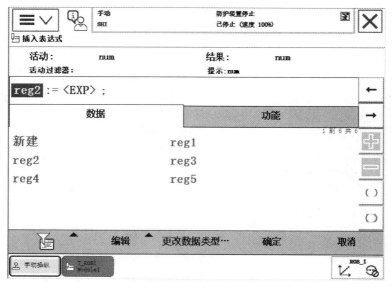

图 5-48 赋值操作界面

选中"<EXP>",显示为蓝色高亮。接着选择"reg1",再点击"+"按钮,添加另一个表达式<EXP>,出现如图 5-49 所示的两个表达式界面。

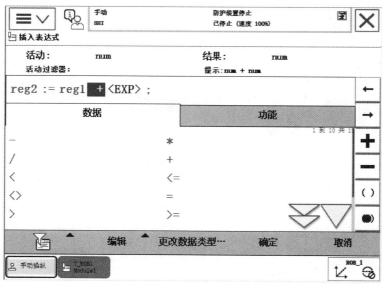

图 5-49 两个表达式界面

选中第二个表达式"<EXP>"，显示为蓝色高亮，同时打开"编辑"菜单，选择"仅限选定内容"，如图 5-50 所示的第二个表达式赋值操作界面。

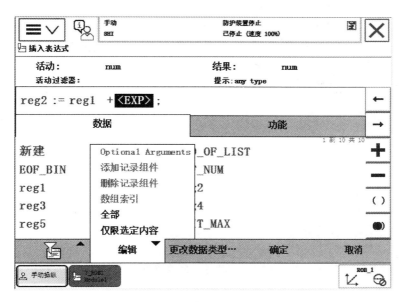

图 5-50　第二个表达式赋值操作界面

进入软键盘打开界面，通过软键盘输入数字"4"，然后点击"确定"完成数字赋值，如图 5-51 所示的赋值完成界面。

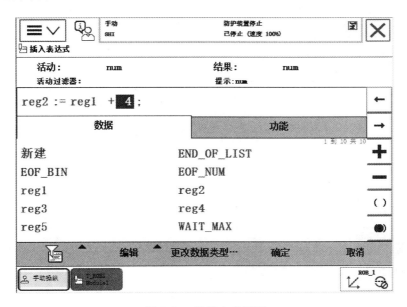

图 5-51　赋值完成界面

在图 5-51 所示界面点击"确定"，可以看到赋值指令语句行已经添加成功，如图 5-52 所示的数学表达式赋值语句行界面。

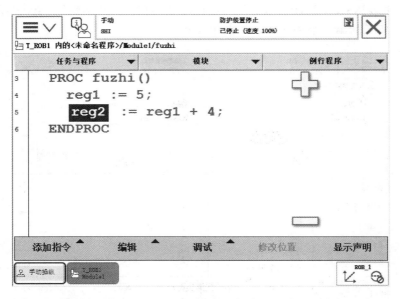

图 5-52　数学表达式赋值语句行界面

3. 查看赋值结果

赋值完成后，执行程序。在"ABB 主界面"点击"程序数据"，进入如图 5-53 所示的程序数据查看界面。

图 5-53　程序数据查看界面

选择数据类型"num"，点击"显示数据"，可以看到如图 5-54 所示的赋值语句执行完成后的赋值情况。

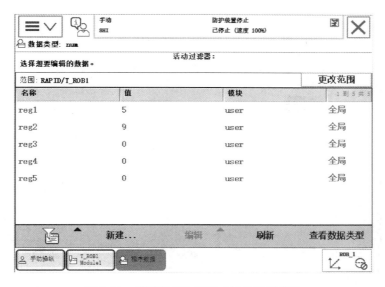

图 5-54　赋值语句执行完成后的赋值情况

5.5.2　IF 条件判断指令

1. Compact IF 紧凑型条件判断指令

Compact IF 紧凑型条件判断指令用于当一个条件满足以后,就执行一句指令。

例如:如果 reg1 的值为 5,则 count 被置为 1。

打开示教器添加指令的界面。点击 Common 的下拉菜单,进入如图 5-55 所示的选择 Prog.Flow 界面。

图 5-55　选择 Prog.Flow 界面

选择"Prog.Flow",进入如图 5-56 所示的 Prog.Flow 指令集界面。在此界面可以添加相关的条件判断指令。

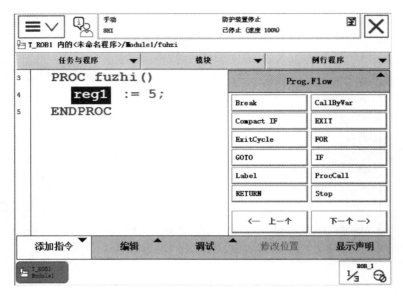

图 5-56　Prog. Flow 指令集界面

选择添加指令"Compact IF",进入如图 5-57 所示的 Compact IF 指令参数编辑界面。

图 5-57　Compact IF 指令参数编辑界面

依次点击"Compact IF"语句行中的参数进行设置,如图 5-58 所示的 Compact IF 语句行界面。

执行程序后可进入程序数据界面查看结果是否正确。该指令经常用在工件计数过程或信号判断后进行的置位操作。

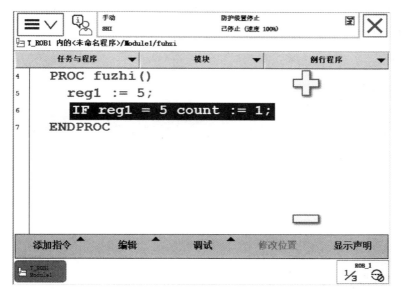

图 5-58　Compact IF 语句行

2. IF 条件判断指令

IF 条件判断指令,就是根据不同的条件去执行不同的指令。条件判定的数量可以根据实际情况需求进行增加或减少。

例如:数字型变量 num1 为 1 则执行 flag1 赋值为 TRUE,num1 为 2 则执行 flag1 赋值为 FALSE。

在如图 5-56 所示的 Prog. Flow 指令集界面,选择指令"IF",进入如图 5-59 所示的 IF 指令参数编辑界面。

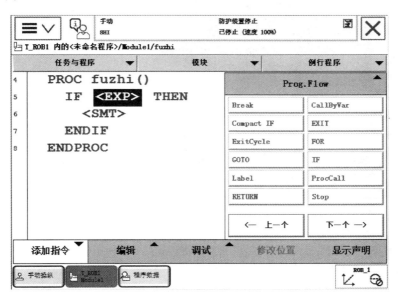

图 5-59　IF 指令参数编辑界面

选中"IF"指令行，点击进入图 5-60 所示的 IF 语句添加判断条件的界面。在这里可以添加或删除判断条件，或进行子条件嵌套。

图 5-60　IF 语句添加判断条件的界面

依次点击"IF"语句行中的参数进行设置，如图 5-61 所示的 IF 语句行界面。

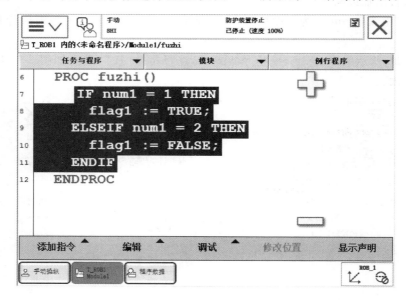

图 5-61　IF 语句行界面

5.5.3　FOR 重复执行判断指令

FOR 重复执行判断指令，适用于一个或多个指令需要重复执行数次的情况。

例如：赋值语句 num1：＝num1＋1 累计重复执行 10 次。

在如图 5-56 所示的 Prog. Flow 指令集界面，选择指令"FOR"，进入如图 5-62 所示的 FOR 指令参数编辑界面。

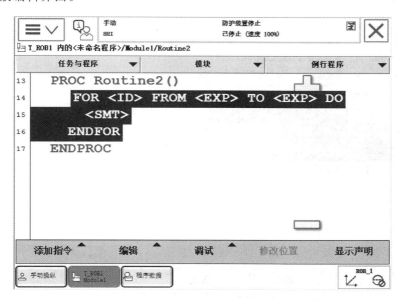

图 5-62　FOR 指令参数编辑界面

依次点击"FOR"语句行中的参数进行设置，如图 5-63 所示的 FOR 语句行界面。

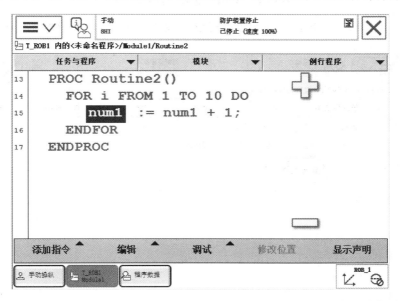

图 5-63　FOR 语句行界面

5.5.4　WHILE 条件判断指令

WHILE 条件判断指令，适用于在给定条件满足的情况下，一直重复执行对应的指令。
例如：在满足 num1＞num2 的情况下，就一直执行赋值语句 num1：＝num1－1 的操作。

在如图 5-56 所示的 Prog.Flow 指令集界面,选择指令"WHILE",进入如图 5-64 所示的 WHILE 指令参数编辑界面。

图 5-64　WHILE 指令参数编辑界面

依次点击"WHILE"语句行中的参数进行设置,如图 5-65 所示的 WHILE 语句行界面。

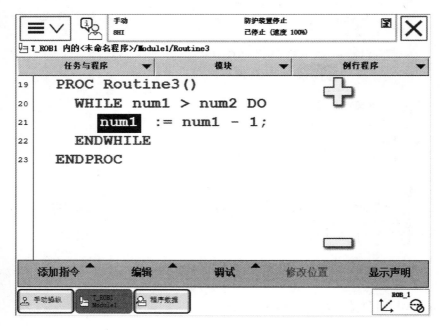

图 5-65　WHILE 语句行界面

5.5.5   TEST 选择分支指令

TEST 选择分支指令根据 TEST 数据执行程序。TEST 数据可以是数值也可以是表达式,根据该数值执行相应的 CASE 语句。TEST 指令适合在选择分支较多时使用,如果选择分支不多,则可以使用 IF...ELSE 指令代替。

在如图 5-56 所示的 Prog.Flow 指令集界面,选择指令"TEST",进入如图 5-66 所示的 TEST 指令参数编辑界面。

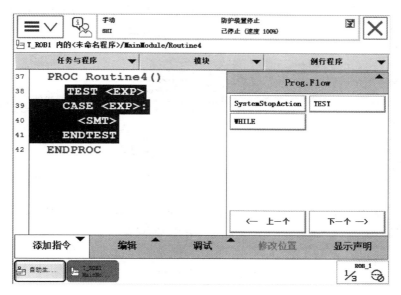

图 5-66   TEST 指令参数编辑界面

在图 5-67(a)所示界面,点击添加多个 CASE 分支。如图 5-67(b)所示,选择 TEST 参数行,将选定值改为 reg1。如图 5-67(c)所示,点击 CASE 后的参数<EXP>,将值改为 1,再向<SMT>位置添加程序调用指令,如图 5-67(d)所示,调用程序 Routine1。

将第二个 CASE 程序行按照第一个 CASE 程序行的方式修改为"CASE 2",调用程序 Routine2,如图 5-68(a)所示。向 DEFAULT 程序行下的<SMT>添加 Stop 指令,如图 5-68(b)所示。

对 num 型数值 reg1 的数值进行判断,若为 1 则执行 Routine1,若为 2 则执行 Routine2,否则执行 Stop,停止运动。

TEST 指令运用起来看似简单,但以下几点值得注意:

①TEST 指令可以添加多个"CASE",但只能有一个"DEFAULT";

②TEST 指令可以对所有数据类型进行判断,但是进行判断的数据必须拥有值;

③如果没有太多的替代选择,则可使用 IF...ELSE 指令;

④如果不同的值对应的程序一样,可以用"CASE xx,xx,...;"来表达,如"CASE 2,3;",这样可以简化程序。

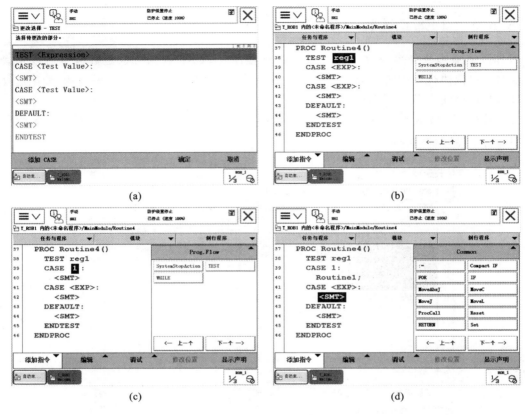

(a)   (b)

(c)   (d)

图 5-67　调用子程序 1

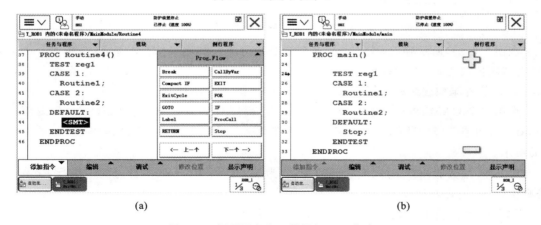

(a)   (b)

图 5-68　调用子程序 2 并添加 Stop 指令

任务 5.6　功能函数指令

【任务描述】

机器人完成图 5-69 所示的轨迹运动中命名示教点的轨迹运动,要求在轨迹示教过程中,能够根据轨迹特点合理规划示教路径,尽量减少示教目标点。

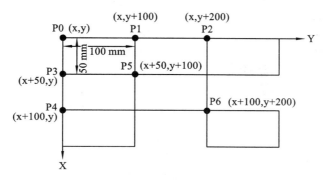

图 5-69　轨迹运动

ABB 机器人的 RAPID 编程中的"功能(FUNCTION)"类似于指令并且在执行完成以后可以返回一个数值。使用"功能"可以有效地提高编程和程序执行的效率。

5.6.1　取绝对值指令

指令"Abs"的功能是对操作数的赋值取绝对值。

例如:首先对操作数 reg1 进行取绝对值的操作,然后将结果赋值给 reg5。

首先在图 5-41 所示的赋值指令选择界面点击":＝"赋值指令,进入赋值指令参数设定界面,选择＜VAR＞变量为 reg5。再选中变量表达式,点击"功能",进入如图 5-70 所示的功能参数选项界面。

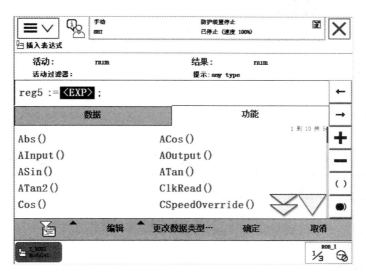

图 5-70　功能参数选项界面

点击"Abs()"选项,进入如图 5-71 所示的取绝对值的参数表达式界面。

点击选项"reg1",点击"确定",看到如图 5-72 所示的功能 Abs()语句行界面,则说明添加完成。

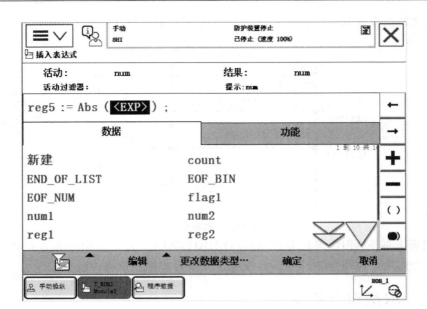

图 5-71　取绝对值的参数表达式界面

图 5-72　功能 Abs( )语句行界面

5.6.2　偏移指令

功能"Offs"的作用是基于位置目标点的某一个方向进行相应的偏移。

1. 赋值偏移

该指令使用时需要先对其进行赋值,然后再编写运动指令程序。

例如:p20:＝Offs(p10,100,200,300);

该指令行的含义是 p20 点为相对于 p10 点在 x 方向偏移 100 mm, y 方向偏移 200 mm, z 方向偏移 300 mm。

首先在图 5-41 所示的赋值指令选择界面点击":="赋值指令,进入赋值指令参数设定界面。点击"更改数据类型...",在如图 5-73 所示的数据类型选择界面,选择"robtarget"数据类型,然后点击"确定"。界面返回到图 5-42 所示的界面,点击"新建",进入图 5-74 所示的新建数据界面。打开软键盘,输入新建的数据名称"p20",存储类型选择"变量"。点击"确定",进入图 5-75 所示的数据表达式创建界面。点击"功能",进入图 5-76 所示的功能选择界面。选择功能"Offs()",进入图 5-77 所示的 Offs() 参数编辑界面。

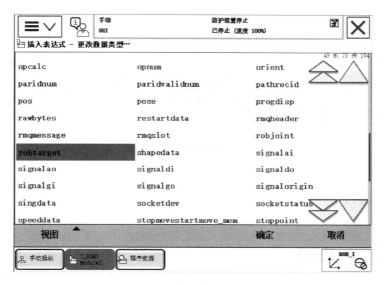

图 5-73　数据类型选择界面

图 5-74　新建数据界面

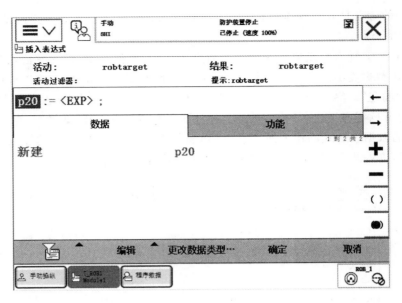

图 5-75 数据表达式创建界面

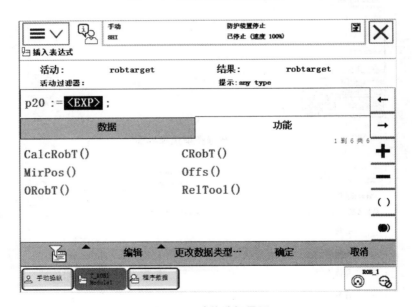

图 5-76 功能选择界面

对于 Offs() 参数编辑,第一个<EXP>位置,选择偏移的基准点"p10"。然后选中第二个表达式<EXP>,打开"编辑"菜单,选中"仅限选定内容",打开软键盘输入界面,输入基于基准点"p10"的 x 方向偏移"100",然后点击"确定"。

同样,依次输入基于基准点"p10"的 y 方向偏移"200",然后点击"确定";基于基准点"p10"的 z 方向偏移"300",然后点击"确定"。

偏移量输入完毕后,点击"确定",进入如图 5-78 所示的功能 Offs() 语句行界面。

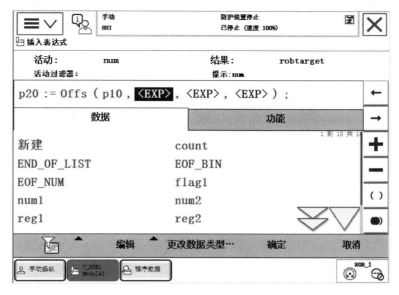

图 5-77　Offs( )参数编辑界面

图 5-78　功能 Offs( )语句行界面

2. 运动指令中直接偏移

赋值偏移需要创建两条指令行,理解比较容易。为了提升程序执行速度,同样可以在运动指令中直接对其进行功能偏移 Offs( )。

例如:MoveL Offs(p10,100,200,300),v1000,z50,tool0;

该指令行的含义同样是 p20 点为相对于 p10 点在 x 方向偏移 100 mm,y 方向偏移200 mm,z 方向偏移 300 mm。

在添加指令界面添加线性运动指令 MoveL,点击图 5-79 所示的运动指令界面中的目标点"＊",进入图 5-80 所示的运动指令功能选择界面。点击"功能",界面显示出"功能"的各个选项。

图 5-79 运动指令界面

选择功能 Offs( ),进入图 5-81 所示的功能 Offs( )参数编辑界面。参照赋值偏移的参数输入过程,依次完成基准点和各个偏移量的输入。点击两次"确定"完成运动指令偏移功能编程,

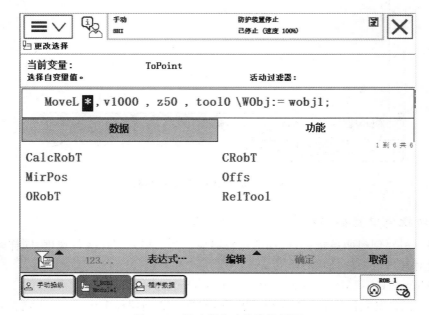

图 5-80 运动指令功能选择界面

如图 5-82 所示的运动指令偏移功能语句行界面。

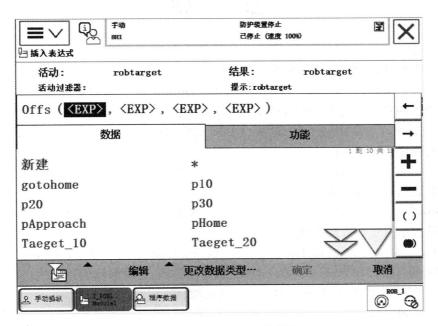

图 5-81 功能 Offs( )参数编辑界面

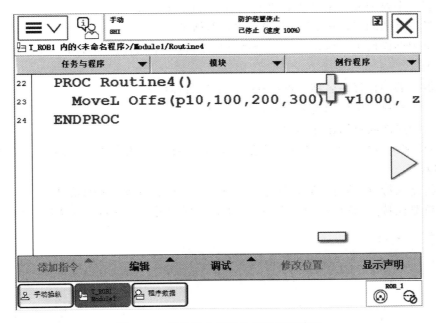

图 5-82 运动指令偏移功能语句行界面

习 题

一、选择题

1. 机器人自动运行时首先调用的程序为( )。

A. main B. mainmodule C. routine D. 任意程序

2. 机器人的程序结构中包括哪几种模块( )。

A. 系统模块 B. 程序模块 C. 例行模块 D. 中断模块

3. 例行程序的类型有( )。

A. 程序 B. 功能 C. 陷阱 D. 中断

4. 机器人的运动指令有( )。

A. MoveJ B. MoveL C. MoveC D. MoveAbsj

5. 机器人示教点的数据类型是( )。

A. num B. tooldata C. wobjdata D. robtarget

二、判断题(请将判断结果填入括号中,正确的填"√",错误的填"×")

1. 使用 MoveJ 和 MoveL 指令时机器人的运动轨迹相同,可以通用。( )

2. 为了区别主模块和其他模块,main 既可以作为主程序的名称,也可以作为主模块的名称。( )

3. 在"ABB 主界面"点击"程序数据",可进入查看例行程序的界面。( )

4. 绘制一个封闭的圆至少需要两个 MoveC 指令来完成。( )

5. 半径过大的圆弧可用 MoveL 指令来进行轨迹逼近。( )

6. 一个程序模块中可包含不止一个例行程序,每一个例行程序都唯一存在于机器人系统内。( )

7. 机器人的例行程序名称不可以和程序模块名称重名。( )

8. 同一个模块中可以创建多个例行程序。( )

9. 例行程序之间可以相互调用。( )

10. 模块和例行程序的命名可以任意选择,只要数量不超过 12 个即可。( )

三、实操题

1. 分析路径特点,编写机器人程序,完成图 5-83 所示的梯形运动轨迹。

2. 分析路径特点,编写机器人程序,将图 5-83 所示的运动轨迹修改为图 5-84 所示的三角形运动轨迹。

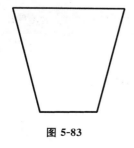

图 5-83

图 5-84

3. 分析路径轨迹特点,合理选择示教点,优化机器人的运动速度及轨迹的吻合程度,创建模块、创建例行程序、编写机器人程序,调试程序,完成图 5-85 所示的自由曲线路径的运动。

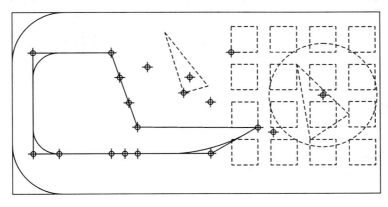

图 5-85

项目6 工业机器人与外围设备之间的通信

【技能目标】

1. 能够正确连接标准 I/O 模块与外部设备；
2. 能够使用示教器完成常用 I/O 信号配置；
3. 能够对 I/O 信号进行监控与操作；
4. 能够正确使用 I/O 指令编写程序；
5. 能够编写机器人 I/O 中断程序。

微信扫一扫

【知识目标】

1. 了解工业机器人 I/O 通信的种类；
2. 掌握 ABB 标准 I/O 模块的接口定义；
3. 掌握常用 I/O 信号的配置和操作方法；
4. 掌握 I/O 编程指令的使用方法；
5. 掌握 I/O 中断程序的含义与使用方法。

本项目主要介绍 ABB 机器人 I/O 通信的硬件资源、信号的连接与配置以及 I/O 指令的编程方法。通过本项目的学习，初步掌握机器人与外围设备之间的信号交换原理，I/O 信号的硬件地址与系统配置方法，RAPID 程序中的 I/O 指令以及中断程序的编写。本项目以机器人搬运工作站为例。

任务 6.1　机器人的 I/O 通信硬件

【任务描述】

搬运工作是一种典型的工业机器人应用，涉及传送带的启动/停止，货物运动到位的检测以及机器人搬运动作的执行等复杂的控制要求。分析图 6-1 所示的机器人搬运工作站的动作顺序，合理选择 I/O 信号类型、硬件设备以及接线端子并完成硬件连接。

机器人搬运工作站的动作顺序为：首先在流水线上有待输送的货物，启动流水线的电动机，将货物运送到流水线末端极限位置，流水线电动机停止，机器人打开气动手爪的同时运动到货物抓取点，气动手爪闭合夹持货物，机器人将货物运至码垛区，气动手爪打开放置货物；接着机器人运动到等候位置，同时流水线电动机再次启动开始运送下一货物；机器人搬运工作站遵照上述流程反复运行从而完成货物的搬运工作。

在整个动作流程中，机器人运动轨迹由机器人运动指令程序完成；流水线电动机以及气动手爪属于外围设备，外围设备的启动、停止与机器人的运动之间有明确的逻辑关系，需要使用 I/O 信号来完成机器人与外围设备之间的信息交互，保证整个机器人搬运工作站的正常工作

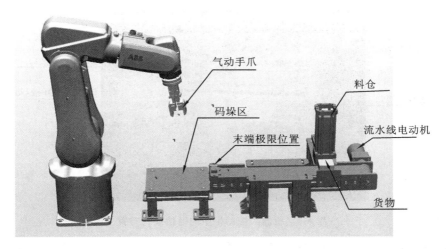

图 6-1　机器人搬运工作站

顺序。

6.1.1　ABB 机器人常用 I/O 通信

硬件设备之间的通信是指设备之间通过数据线路按照规定的通信协议标准来进行信息的交互,通信协议规定了硬件接口的标准、通信的模式以及速率,设备之间必须采用相同的通信协议才能正确地交互信息。各设备厂家生产的外围设备会使用不同的通信协议标准与接口类型,为了满足与各种外围设备之间的通信需求,ABB 机器人提供了丰富的通信接口,如表 6-1 所示。

表 6-1　ABB 机器人常用通信接口

通 信 类 型	PC 端通信	现场总线通信	ABB 标准通信
执行标准	RS232	DeviceNet(CAN 总线)	标准 I/O 模块
	OPC server	Profibus	ABB PLC
	Socket Message	Profibus-DP	
		EtherNET IP	

1. 机器人常用接口

通信接口位于机器人控制柜内部,PC 通信接口、总线接口位于控制柜上方,ABB 标准 I/O 模块安装于柜门内表面下方,机器人控制柜中的通信接口布置如图 6-2 所示。这里主要介绍通过 ABB 标准 I/O 模块进行 DeviceNet 通信的使用方法。

使用控制柜中的 RS232 接口进行 PC 端通信时,控制系统需要安装"PC-INTERFACE"选项后才能使用。RS232 通信接口的最大通信距离为 15 m,最高传输速率为 20 kbit/s,与以太网通信方式相比其传输距离和速率已经较为落后,目前已经较少采用 RS232 接口来进行 PC 端通信。采用以太网通信时,通过网线直接将控制柜的网络接口与 PC 端网络接口连接,将 PC 端的 IP 设定为自动连接,利用 ABB 公司 Robot Studio 软件的在线功能,就能够在 PC 端进行机器人编程、参数设定、系统备份与监控等操作。

图 6-2　机器人控制柜中的通信接口布置

DeviceNet 是一种在 CAN 总线基础之上发展而来的现场总线,采用 5 线制通信模式。机器人控制柜的 DeviceNet 接口属于系统选配功能,ABB 公司提供 DSQC 697、DSQC 658、DSQC 659 三种 DeviceNet 主/从站单元模块,将主/从站单元模块安装于系统计算机的 PCI 主板插槽中,控制系统将具有 DeviceNet 通信功能并提供对应的 5 线制接口。如图 6-3 所示的 DeviceNet 主/从站单元模块的安装插槽位置,IRC5 型控制柜最多能够安装四个主/从站单元模块。

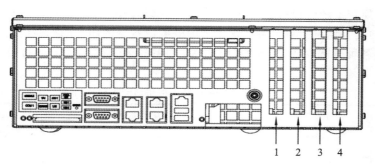

图 6-3　DeviceNet 主/从站单元模块安装插槽

2. I/O 信号分类

I/O 信号是输入信号(input signal)和输出信号(output signal)的首字母缩写。对于机器人控制系统而言,输入信号通常由按钮、接近开关、传感器产生并以电信号的形式输入系统之中,从而触发机器人对应运动程序的执行;输出信号由机器人系统产生,以电信号的形式输出到外围设备,通常用于控制信号灯、气动手爪、流水线与机床设备的运行。

I/O 信号可以分为数字量信号(digital signal)与模拟量信号(analog signal)两种基本类型。数字量信号在时间上和数量上都是离散的,有 0 和 1 两种信号状态,通常用于标识物理触点的断开与接通两种状态。模拟量信号在时间上和数量上都是连续的,通常用于标识压力、流量、速度等连续变化的物理量。

3. 任务信号分析

在本机器人搬运工作任务中,所涉及的信号及硬件设备如下。

（1）货物末端极限位置检测信号

该信号用于检测流水线是否将货物运送到极限位置,当货物抵达极限位置,该信号被置 1 并输入机器人控制系统之中,从而触发机器人运动程序,使得机器人运动到货物抓取点。该信号属于数字量输入信号,由安装在流水线极限位置的行程开关或接近开关产生。

（2）气动手爪开合信号

该信号用于控制机器人气动手爪执行开合的动作,属于数字量输出信号。当机器人运动到货物抓取点时,控制系统将该信号置 1 并输出给气动手爪的控制电磁阀,电磁阀通电使得气动手爪闭合抓取货物;当机器人运动到货物放置点时,控制系统将该信号置 0 并输出给气动手爪的电磁阀,气动手爪打开从而放置货物。

（3）工作站启动信号

该信号用于控制整个搬运工作站的启动,属于数字量输入信号,由启动按钮产生并输入机器人控制系统之中。

（4）流水线电动机运行信号

该信号用于控制流水线电动机的启动和停止,属于数字量输出信号。工作站启动运行时,控制系统将该信号置 1 并输出给继电器线圈,电动机启动从而执行货物运送的工作;货物抵达极限位置,控制系统将信号置 0,继电器线圈失电使得电动机停止。

6.1.2 ABB 标准 I/O 模块

ABB 标准 I/O 模块用于连接外围输入/输出设备与机器人控制系统,使得各种 I/O 信号能够通过 DeviceNet 总线在控制系统和外围设备之间交互。ABB 提供多种规格的标准 I/O 模块,常用模块的技术指标如表 6-2 所示。

表 6-2 ABB 标准 I/O 模块技术指标

型　　号	I/O 数量	I/O 电压类型
DSQC 651	8DI/8DO/2AO	数字量输入/输出:24 V 直流 模拟量输出:0～10 V 直流
DSQC 652	16DI/16DO	24 V 直流
DSQC 653	8DI/8DO 继电器输出	24 V 直流输入,交直流输出
DSQC 355A	4DI/4DO	±10 V 直流

DSQC 651、DSQC 652 模块采用晶体管输出电路,只能驱动电流在 0.5 A 以下并采用 24 V 电压供电的直流负载;DSQC 653 模块采用继电器输出电路,既能够驱动 24 V 直流负载,也能够驱动电流在 2 A 以下采用 120 V 电压供电的交流负载。这里以 DSQC 651 模块为例,讲解标准 I/O 模块的连接与使用方法。

DSQC 651 模块能够提供 8 路数字量输入、8 路数字量输出及 2 路模拟量信号输出功能。DSQC 651 模块的外观与接口说明如图 6-4 所示。

（1）数字量输出接口

数字量输出接口代号为 X1,该接口能够提供 8 路直流 24 V 输出信号,每路负载最大电流 0.5 A,总负载电流 1.4 A,输出延时 0.5 ms。X1 接口中包含 10 个接线端子,端子编号如图

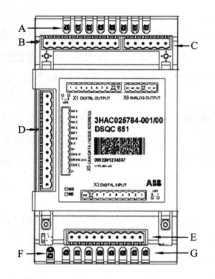

接口	功能
A	数字量输出信号状态指示灯
B	数字量输出接口X1
C	模拟量输出接口X6
D	DeviceNet接口X5
E	数字量输入接口X3
F	模块状态指示灯
G	数字量输入信号状态指示灯

图 6-4　DSQC 651 模块的外观与接口说明

6-5所示。X1 接口的端子编号与地址分配如表 6-3 所示。

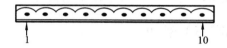

图 6-5　X1 端子编号

表 6-3　X1 接口的端子编号与地址分配

端 子 编 号	定 义	地 址 分 配
1	数字量输出路径 1	32
2	数字量输出路径 2	33
3	数字量输出路径 3	34
4	数字量输出路径 4	35
5	数字量输出路径 5	36
6	数字量输出路径 6	37
7	数字量输出路径 7	38
8	数字量输出路径 8	39
9	0 V	
10	24 V	

（2）数字量输入接口

数字量输入接口的代号为 X3,该接口能够接入 8 路直流 24 V 输入信号,0/1 信号转换电压为 12 V,最大输入延时为 6 ms。X3 接口中包含 10 个接线端子,端子编号如图 6-6 所示。

X3 接口的端子编号与地址分配如表 6-4 所示。

图 6-6　X3 端子编号

表 6-4　X3 接口的端子编号与地址分配

端子编号	定　义	地址分配
1	数字量输入路径 1	0
2	数字量输入路径 2	1
3	数字量输入路径 3	2
4	数字量输入路径 4	3
5	数字量输入路径 5	4
6	数字量输入路径 6	5
7	数字量输入路径 7	6
8	数字量输入路径 8	7
9	0 V	
10	未使用	

（3）DeviceNet 接口

DeviceNet 接口的代号为 X5，该接口用于定义标准模块在 DeviceNet 总线上的地址并实现标准模块与控制柜的连接。该接口包含 12 个接线端子，端子 1～5 为 DeviceNet 总线通信接口，端子 6～12 用于定义标准模块的地址，如图 6-7 所示。X5 接口的端子编号与功能如表6-5 所示。

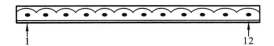

图 6-7　X5 端子编号（顺时针旋转 90°）

表 6-5　X5 接口的端子编号与功能说明

端子编号	功　能　说　明
1	通信 0 V 端子，连接黑色电缆
2	通信低电平端子，连接蓝色电缆
3	通信屏蔽端子，连接屏蔽电缆
4	通信高电平端子，连接白色电缆

续表

端 子 编 号	功 能 说 明
5	通信 24 V 端子,连接红色电缆
6	模块地址端子,地址代号 0
7	模块地址端子,地址代号 1
8	模块地址端子,地址代号 2
9	模块地址端子,地址代号 4
10	模块地址端子,地址代号 8
11	模块地址端子,地址代号 16
12	模块地址端子,地址代号 32

标准 I/O 模块是连接于 DeviceNet 总线之上的,为保证通信主站能够正确识别来自不同模块的信号,需要为每个模块设定一个独特的地址值。X5 接口的 6～12 端子具有不同的地址代号,接线时采用端子短接的方式即可得到一个独特的地址值。地址的定义为:该 I/O 模块上所有未短接端子的地址代号之和。例如接线时将 X5 接口的 6、9、10、12 端子短接,则未短接的端子为 7、8、11,未短接端子的地址代号之和为 1+2+16=19,所以该 I/O 模块在总线上的地址为 19。所有连接于该总线上的设备地址均不得再使用 19,否则会发生地址冲突。

(4) 模拟量输出接口

模拟量输出接口的代号为 X6,该接口能够提供 2 路模拟量输出信号,分辨率为 12 位,输出电压范围为 0～10 V,输出电压所对应的数字量为 0～65535。X6 接口的端子编号如图 6-8 所示,各端子的功能与地址分配如表 6-6 所示。

6　　　　　　1

图 6-8　X6 端子编号

表 6-6　X6 接口的端子功能与地址分配

端 子 编 号	功 能 说 明	地 址 分 配
1	未使用	
2	未使用	
3	未使用	
4	模拟量输出参考 0 V	
5	模拟量输出路径 1	0～15
6	模拟量输出路径 2	16～31

任务 6.2　机器人的 I/O 通信配置

【任务描述】

I/O 信号硬件连接完成后,在机器人控制系统中完成 I/O 通信配置,实现控制系统与外围设备之间的信号交互、信号监控等功能。

机器人控制系统与外围设备需要完成硬件连接和通信配置才能正常地实现通信。硬件连接与通信配置之间是互相关联的。本次任务以机器人搬运工作站为例,讲解机器人控制系统中 I/O 通信的配置方法。配置时要遵循先配置 I/O 模块后配置模块上 I/O 信号的顺序,否则 I/O 信号将无法成功配置。

6.2.1　标准 I/O 模块的参数配置

1. 参数配置说明

机器人系统中需要配置的 I/O 模块参数及说明如表 6-7 所示。

表 6-7　I/O 模块配置参数及说明

参 数 名 称	配 置 说 明
Name	设定 I/O 模块在系统中的名称
Address	设定 I/O 模块的地址值

I/O 模块命名时不能使用中文字符,通常以"Board＋I/O 模块地址值"的形式命名,这样能够统一命名格式避免误操作。例如将一块 I/O 模块命名为 Board19,表明这是一块硬件地址为 19 的通信板。本任务使用的 I/O 模块型号为 DSQC 651,系统中显示为 d651,模块连接的总线类型为 DeviceNet。设定模块的地址值,需要保证所设定的地址值与该模块 X5 接口上的 6~12 端子短接地址值相匹配。

2. 配置操作步骤

参数配置的操作步骤如下。

① 在示教器上的"ABB 主界面"选择"控制面板"选项,在"控制面板"界面点击"配置",进入如图 6-9 所示的 I/O 模块配置界面。其中"Signal"用于配置 I/O 信号,"DeviceNet Device"用于配置 I/O 模块。

② 双击"DeviceNet Device",进入 I/O 模块基本操作界面,如图 6-10 所示,系统列出了已经配置过的 I/O 模块,选定一个模块后,该界面下方的模块编辑与删除功能将被激活。点击"添加",进入 I/O 模块配置界面,如图 6-11 所示,可以新建一个模块并配置其参数。

③ 在 I/O 模块配置界面中,点击"使用来自模板的值:默认",在弹出的选择界面中点击"DSQC 651 Combi I/O Device",系统将调用 651 模块的配置文件从而自动完成大部分参数的配置工作。用户只用配置 I/O 模块的名称"Name"和 I/O 模块的地址"Address"即可完成对应的参数设置,注意 Address 的地址设置值要与 I/O 模块的实际硬件跳线地址一致。参数设置完毕,点击屏幕下方的"确定",I/O 模块配置完毕。

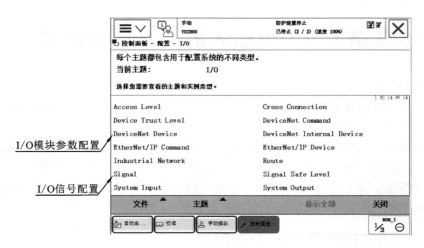

图 6-9　I/O 模块配置界面

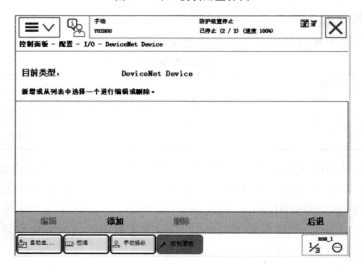

图 6-10　I/O 模块基本操作界面

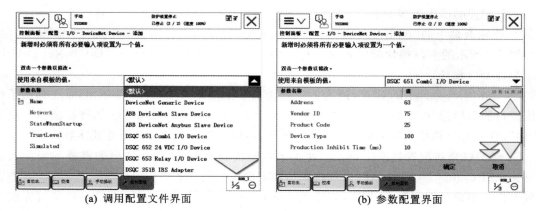

(a) 调用配置文件界面　　　　　　　　　　(b) 参数配置界面

图 6-11　I/O 模块配置界面

6.2.2　I/O 信号的配置

1. 参数配置说明

机器人系统中需要配置的 I/O 信号参数及其说明如表 6-8 所示。

表 6-8　I/O 信号配置参数及其说明

参数名称	配置说明	备注
Name	设定信号的名称	所有信号类型都需要设定
Type of Signal	设定信号类型	所有信号类型都需要设定
Assigned to Device	设定信号所连接的 I/O 模块	所有信号类型都需要设定
Device Mapping	设定信号在 I/O 模块上的地址	所有信号类型都需要设定
Analog Encoding Type	Unsigned:无符号编码 Two Complement:有符号编码	模拟量信号的编码类型 模拟量输入/输出信号专属
Maximum Logical Value	最大逻辑值	模拟量输入/输出信号专属
Minimum Logical Value	最小逻辑值	模拟量输入/输出信号专属
Maximum Physical Value	最大物理值	模拟量输入/输出信号专属
Minimum Physical Value	最小物理值	模拟量输入/输出信号专属
Maximum Bit Value	最大位值,16 位无符号编码 的模拟量默认值为 65535	模拟量输入/输出信号专属

（1）信号类型

在设定信号类型时,系统提供了 6 种 I/O 信号类型,如图 6-12 所示。除了常见的 DI/DO/AI/AO 4 种信号类型,机器人控制器提供了组输入/输出信号,Group Input(GI)是组输入信号,Group Output(GO)是组输出信号。GI 信号将多路 DI 信号组合起来使用,按照 BCD 编码的形式将外围设备中的多个二进制信号转换为十进制的数,并输入给系统;而 GO 信号是将系统中的十进制数按照 BCD 解码的形式转变为多个二进制数,从而实现对多路 DO 信号的控制。表 6-9 列出了 4 位 BCD 编码的二进制数与十进制数的对应关系,编码时高位地址在左,低位地址在右。占用 4 位地址的二进制数,可以表示十进制数 0～15,由此推论,占用 5 位地址的二进制数,可以表示的十进制数的范围是 0～31。

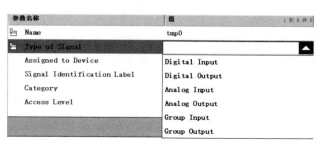

图 6-12　6 种信号类型

表 6-9　BCD 编码表

十 进 制 数	二 进 制 数			
	地址 4	地址 3	地址 2	地址 1
0	0	0	0	0
1	0	0	0	1
2	0	0	1	0
3	0	0	1	1
4	0	1	0	0
5	0	1	0	1
6	0	1	1	0
7	0	1	1	1
8	1	0	0	0
9	1	0	0	1
10	1	0	1	0

（2）信号名称

I/O 信号命名不能使用中文字符,推荐使用"信号类型＋信号地址"的形式来命名,例如,将地址 0 的数字量输入信号命名为 DI0,地址 32 的数字量输出信号命名为 DO32。

（3）信号地址

DI/DO 信号的设置地址值应该与对应外围设备所连接的端子地址相匹配。例如,机器人搬运工作站启动按钮所连接的端子地址是 0,所以该信号在系统中设置的地址值也应该为 0。AI/AO 信号根据所使用的信号路径的地址填写。GI/GO 信号根据需要编译的十进制数的大小以及硬件接线来填写。例如,将 GI0 信号的地址设定为 5～7,就是调用 X3 接口中地址分别为 5、6、7 的端子,向系统中输入一个在 0～7 之间的十进制数。

2. 配置操作过程

在 I/O 配置界面中双击"Signal",进入 I/O 信号基本操作界面,如图 6-13 所示,系统列出了所有配置过的信号。选择一个信号后,界面下方的信号编辑和删除功能将被激活。左侧带有钥匙标识的是系统信号,用户无权进行删除或修改。点击"添加",进入 I/O 信号配置界面,如图 6-14 所示。

在 I/O 信号配置界面中,分别双击 Name、Type of Signal、Assigned to Device、Device Mapping 4 个选项,根据所定义信号的具体情况来完成参数设置。对于 AI/AO 信号,还需要额外设置 Analog Encoding Type(模拟信号属性)、Maximum Logical Value(最大逻辑值)、Maximum Physical Value(最大物理值)、Maximum Bit Value(最大位值)4 个参数。参数设定完毕后,点击界面下方的"确定",I/O 信号配置完毕。

6.2.3　I/O 信号的监控与强制

信号配置完毕后,可以在系统中对信号进行监控和设置强制值的操作。这种操作常用于

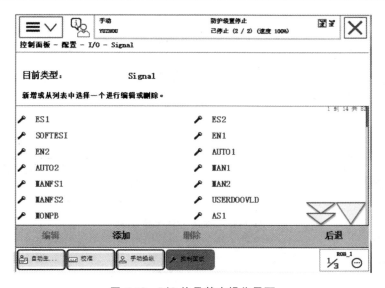

图 6-13　I/O 信号基本操作界面

图 6-14　I/O 信号配置界面

机器人调试与检修的工作中。信号监控与强制的操作过程如下。

① 在"ABB 主界面"点击"控制面板",在"控制面板"界面中点击"I/O"选项,进入常用 I/O 信号选择界面,根据需要勾选需要监控的常用 I/O 信号,并点击界面右下角的"应用",如图 6-15 所示。

② 在"ABB 主界面"点击"输入输出",信号监控界面将列出全部的常用 I/O 信号。点击界面右下角的"视图",可以选择按照信号的各种归属类型查看信号。信号监控界面中已经列出了各信号的名称、值、类型、归属设备等关键信号,如图 6-16 所示。

③ 选择要执行强制操作的信号并单击界面下方的"仿真",信号强制功能将被激活。点击屏幕下方的 0 或 1,可以强制将信号状态置 0 或者置 1,如图 6-17 所示。

(a)I/O选项 　　　　　　　　　　　　(b)常用I/O信号选择界面

图 6-15　常用 I/O 信号配置

(a) 输入输出选项 　　　　　　　　　　(b) 信号监控界面

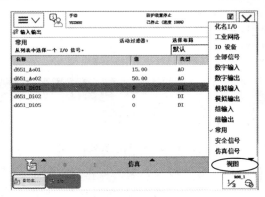

(c) 信号查看分类方式

图 6-16　信号监控与查看功能

6.2.4　可编程按键的定义

在 ABB 机器人的示教器上,布置了 4 个可以由用户自定义功能的可编程按键(ProgKeys)。合理定义可编程按键的功能,可以非常方便地对 I/O 信号进行控制和仿真,可

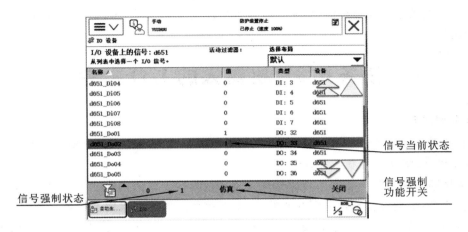

图 6-17　I/O 信号状态监控

编程按键的定义过程如图 6-18 所示。

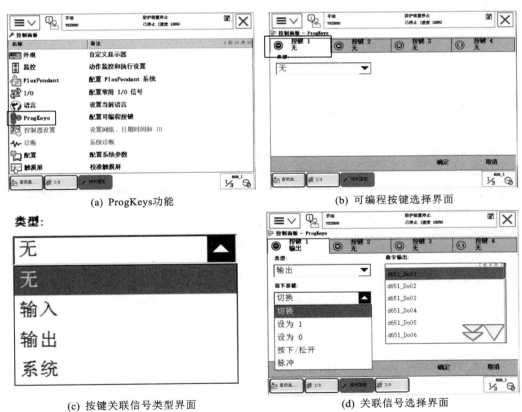

① 在"控制面板"界面中点击"ProgKeys",进入可编程按键的选择界面。

② 在可编程按键选择界面,选择需要被定义的按键。

③ 在"类型"下拉列表中选择该按键需要关联的信号类型。

④ 在右侧的信号选择窗口中,选择该按键关联的具体信号,并选择该按键按下以后信号的切换模式。

任务6.3 机器人的I/O指令

【任务描述】

根据机器人搬运工作站的动作顺序要求,使用机器人I/O指令和运动指令来编写完整的RAPID程序,实现机器人货物搬运功能。

工业机器人通过I/O指令可以将外部设备的信号状态输入程序之中,作为运动类例行程序的触发条件,也能够实现对外部设备的通/断电控制。机器人常用I/O指令有置位/复位类指令、信号判断类指令、取反指令以及脉冲指令。本次任务以机器人搬运工作站为例,讲解I/O指令的编程使用方法。

6.3.1 置位、复位类指令

1. 数字量置位指令

数字量置位指令能够将数字量输出信号值置为1,实现对外部设备的通电控制。

(1)指令格式

数字量置位指令的标准格式为:

Set <Signal>;

其中:Set 为数字量置位指令;Signal 为数字量输出信号名称。

(2)指令示例

在机器人搬运工作站中,DO32信号控制气动手爪电磁阀。机器人运动到货物抓取点Ppick,电磁阀通电实现气动手爪抓取货物的程序为:

MoveL Ppick,v1000,z0, tool1 \WObj:=wobj1;

Set do32;

2. 数字量复位指令

数字量复位指令能够将数字量输出信号值置为0,与置位指令配合使用,实现对外部设备的断电控制。

(1)指令格式

数字量复位指令的标准格式为:

Reset <Signal>;

其中:Reset 为复位指令;Signal 为数字量输出信号名称。

(2)指令示例

DO32信号控制气动手爪电磁阀。机器人运动到货物码垛区的放置点Pplace,电磁阀断电实现气动手爪放置货物的程序为:

MoveL Pplace,v1000,z0, tool1 \WObj:=wobj1;

Reset do32;

3. 模拟量置位指令

模拟量置位指令用于在模拟量输出信号所定义的端子上输出电压,电压值由输出信号值根据等比运算的方法确定,常用于由模拟量电压信号所控制的设备,例如,采用电压信号控制焊接电压和送丝速度的弧焊机、采用电压信号控制输出频率从而实现交流电动机变速的变频器等。

(1) 指令格式

模拟量置位指令的标准格式为:

SetAO <Signal>,<Value>;

其中:SetAO 为模拟量置位指令;Signal 为模拟量输出信号名称;Value 为输出信号值。

(2) 指令示例

模拟量输出信号 AO1 的设定输出电压范围为 0~10 V,最大逻辑值为 10,最小逻辑值为 0。从 AO1 输出 6 V 电压信号的程序为:

SetAO AO1,6;

4. 组输出置位指令

组输出置位指令将十进制的输出信号值转换为多位二进制数(基于 BCD 码),从而在组输出信号所定义的多个端子上同时产生通/断电信号。该指令能够实现同时对多个外部设备的通/断电控制。

(1) 指令格式

组输出置位指令的标准格式为:

SetGO [\Sdelay] <Signal>,<Value>;

其中:SetGO 为组输出置位指令;[\Sdelay]为延迟输出时间,单位为 s;Signal 为组输出信号名称;Value 为十进制的输出信号值。注意,指令格式中"[]"符号表示可选变量,操作人员需要打开可选变量功能,才能够对可选变量值进行相应的操作。

(2) 指令示例

组输出信号 GO1 的设定地址为 36~39。将端子 36~39 的信号状态设置为 1010,并延时 5 s 输出的程序为:

SetGO \Sdelay:=5,GO1,10;

6.3.2 信号判断类指令

1. 数字量输入信号判断指令

程序运行至数字量输入信号判断指令时会处于等待状态,直到数字输入信号达到判断值,程序继续向下运行。如果等待超时,超时标志位将被置位。

(1) 指令格式

数字量输入信号判断指令的标准格式为:

WaitDI <Signal>,<Value> [\MaxTime] [\TimeFlag];

其中:WaitDI 为数字量输入信号判断指令;Signal 为数字量输入信号名称;Value 为预设的输入信号判断值;[\MaxTime]为最长等待时间,单位为 s;[\TimeFlag]为超时标志位,最长等待时间为 300 s。

使用该指令时，如果只指定了[\MaxTime]一个变量，等待超时后程序将报错并停止运行；如果同时指定了[\MaxTime]和[\TimeFlag]两个变量，等待超时后程序将[\TimeFlag]置为 TRUE，同时继续向下运行。

（2）指令示例

机器人搬运工作站中，流水线运送货物到达极限位置后，接通连接于行程开关的 DI3 信号，触发机器人向货物抓取点 Ppick 运动的程序为：

Set DO35；

WaitDI DI3，1 \MaxTime：= 200 \TimeFlag：= flag1；

MoveL Ppick，v1000，z0，tool1 \WObj：= wobj1；

该程序中将流水线运送货物的最长时间设为 200 s，如果流水线工作故障导致货物运送超时，flag1 将被置为 TRUE。

2. 条件等待指令

条件等待指令可用于布尔量、数字量以及 I/O 信号值的判断，如果等待逻辑表达式的条件满足，程序继续向下运行。

（1）指令格式

条件等待指令的标准格式为：

WaitUntil [\InPos] Cond [\MaxTime] [\TimeFlag] [\PollRate]；

其中：WaitUntil 为条件等待指令；[\InPos] 表明机械单元已经到达停止点；Cond 为等待逻辑表达式；[\MaxTime] 为最长等待时间；[\TimeFlag] 为超时标志位；[\PollRate] 为逻辑表达式查询周期，单位为 s，最小查询周期为 0.04 s，系统默认查询周期为 0.1 s。

（2）指令示例

机器人搬运工作站中，机器人完成码垛作业后在 Pwait 点等候，再次向 Ppick 点运动抓取货物的程序为：

MoveL Pwait，v1000，z0，tool1 \WObj：= wobj1；

WaitUntil\Inpos，DI3 = 1；

MoveL Ppick，v1000，z0，tool1 \WObj：= wobj1；

6.3.3 取反、脉冲指令

1. 取反指令

取反指令能够直接转换数字量输出信号值。

（1）指令格式

取反指令的标准格式为：

InvertDO <Signal>；

其中：InvertDO 为取反指令；Signal 为数字量输出信号名称。

（2）指令示例

流水线以 1 min 为周期运送货物，其中运行 30 s，停止 30 s，反复循环的程序为：

SET DO35；

WHILE TRUE DO

WaitTime 30；

InvertDO DO35；

WaitTime 30；

InvertDO DO35；

END WHILE

2. 脉冲指令

脉冲指令能够产生一个长度可控的数字脉冲输出信号。脉冲信号产生后,程序将直接向下执行,可以通过复位指令来关闭脉冲信号。

（1）指令格式

脉冲指令的标准格式为：

PulseDO [\High] [\PLength]＜Signal＞；

其中：PulseDO 为脉冲指令；[\High]为高电平状态可选变量；[\PLength]为脉冲长度,单位为 s,脉冲长度范围为 0.001～2000 s,系统默认值为 0.2 s；Signal 为产生脉冲的信号名称。

不使用[\High]高电平状态变量时,脉冲信号实际输出值为信号初始值取反；使用[\High]高电平状态变量可以保证在脉冲输出阶段,信号输出值为 1,脉冲信号输出值如图 6-19所示。

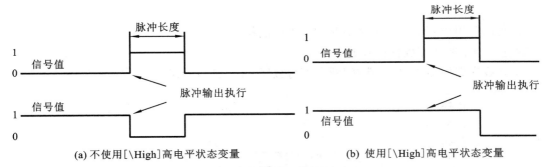

图 6-19　脉冲信号输出值

（2）指令示例

信号灯（DO36）以 2 s 为周期闪烁的程序为：

PulseDO \PLength：＝2, DO36；

任务 6.4　中 断 程 序

【任务描述】

机器人工作站需要对某些特殊事件做出快速响应和处理,例如安全门信号、通信请求等。利用中断程序能够摆脱程序指针的限制,快速响应特殊的外部信号从而处理突发紧急事件。通过本节的学习,了解中断程序使用的特点和方法。

机器人程序指针采用的是循环扫描的工作方式,如果程序过于复杂可能导致其中的关键语句或者子程序调用等候时间过长。对于机器人工作站中无法事先预测发生时间,一旦发生后又必须要紧急处理的事件,通常采用中断程序（TRAP）来解决。中断程序不需要用户调用,也不需要程序指针执行,中断信号产生后,程序指针立刻跳转到对应的中断程序中进行事件处理,处理完毕后程序指针自动返回到原程序被中断的地方继续向下运行。机器人工作站通常会配置安全门或安全光幕,在自动生产过程中一旦有人闯入安全防护范围,机器人系统需要立刻停止运行。本次任务以机器人工作站的安全门信号处理为例,通过编写中断程序实现机器人自动生产过程中对于安全门信号的紧急中断处理。

6.4.1 中断程序的基本概念

中断程序用于处理需要快速响应的中断事件,使用时需要用户将中断程序与中断数据连接起来,并且在允许中断后,才能响应中断信号并进入中断程序执行。使用中断程序时应该注意以下几点。

① 中断程序不是子程序调用(ProCall)的普通程序,机器人运动类指令不能出现在中断程序中。

② 中断程序执行时,原程序处于等待状态。为了避免系统等候时间过长造成设备操作异常,中断程序应该尽量短小,从而减少中断程序的执行时间。

③ 中断程序不能嵌套,即中断程序中不能再包含中断。正在执行中断程序时,如果又有新的中断信号产生,中断信号将进入等候队列,系统按照"先入先出"的顺序依次响应各中断信号。

④ 可以使用中断失效指令来限制中断程序的执行。

建立一个中断程序的操作步骤如下。

① 在程序编辑器界面下,选择"新建例行程序..."功能,如图 6-20 所示。

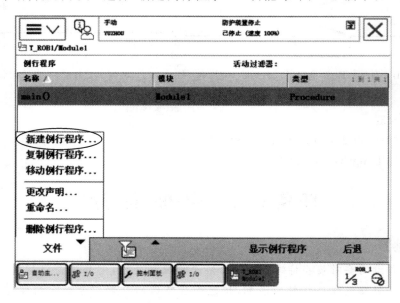

图 6-20　新建例行程序

② 修改例行程序的名称,并将"类型"修改为"中断",点击"确定",即完成了中断程序的创建,建立中断程序如图 6-21 所示。

③ 双击程序列表中新建的中断程序,即可进行中断程序的指令编辑,如图 6-22 所示。

图 6-21　建立中断程序

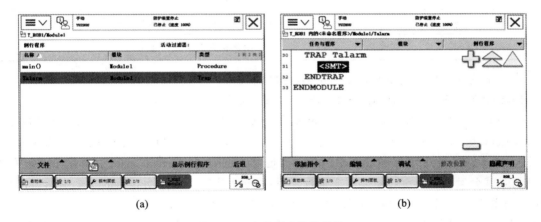

(a)　　　　　　　　　　　　　　　(b)

图 6-22　中断程序指令编辑

6.4.2　中断指令

1. 中断连接指令与中断分离指令

中断连接指令 CONNECT 用于建立中断程序和中断识别号的联系,其标准格式为:

CONNECT Interrupt WITH Trap routine;

其中:CONNECT 为中断连接指令;Interrupt 为中断识别号;Trap routine 为中断程序名称。中断连接指令必须与中断下达指令联合使用,才能保证中断程序的正确执行。

中断分离指令 IDelete 用于取消中断识别号与对应的中断程序之间的原有连接,从而禁止处理该中断程序,其标准格式为:

IDelete Interrupt;

其中:IDelete 为中断分离指令;Interrupt 为中断识别号。

2. 中断下达类指令

中断下达类指令用于定义中断程序的触发信号、触发条件,同时下达中断指令使得中断生效,一旦中断程序触发条件满足将立即转入中断程序执行。中断下达类指令的触发信号可以为 DI/DO/GI/GO/AI/AO 等 I/O 类信号,也可以是时间或者运行错误。不同的触发信号需要使用不同的中断下达指令,中断下达类指令及其使用说明如表 6-10 所示。

表 6-10　中断下达指令及其使用说明

中断下达指令	使 用 说 明
ISignalDI	使用数字输入信号触发中断指令
ISignalDO	使用数字输出信号触发中断指令
ISignalGI	使用组输入信号触发中断指令
ISignalGO	使用组输出信号触发中断指令
ISignalAI	使用模拟输入信号触发中断指令
ISignalAO	使用模拟输出信号触发中断指令
ITimer	使用定时触发中断指令
IPers	变更永久数据对象时触发中断指令
IError	出现错误时触发中断指令

以数字输入信号触发中断指令为例,其标准格式为:

ISignalDI [\Single][\SingleSafe], Signal, TriggValue, Interrupt;

其中:ISignalDI 为数字输入信号触发中断指令;Signal 为数字输入信号名称;TriggValue为中断触发值;Interrupt 为中断识别号。[\Single]和[\SingleSafe]是两个中断执行可选变量,打开[\Single]变量,中断程序只会在触发条件满足时执行一次,关闭该变量,中断程序在触发条件满足时就会运行。[\SingleSafe]变量打开后,中断程序转变为单次执行的安全中断,将导致 ISleep 中断休眠指令无效,该变量不得与[\Single]变量同时使用。

例如,中断程序名称为 TAlarm,中断识别号为 Intno1,由 DI1 信号变为 1 触发中断的程序编写如下:

VAR intnum Intno1;

PROC main()

　　……

　　IDelete Intno1;

　　CONNECT Intno1 WITH TAlarm;

　　ISignalDI di1,1, Intno1;

　　……

　　ENDPROC

　　TRAP TAlarm

　　……

ENDTRAP

3. 中断生效指令与中断失效指令

中断生效与中断失效指令及其使用说明如表 6-11 所示。

表 6-11 中断生效与中断失效指令及其使用说明

指　　令	使 用 说 明
ISleep	单一中断失效
IWatch	单一中断生效
IDisable	所有中断失效
IEnable	所有中断生效

单一性指令的标准格式如下：

ISleep Interrupt；

IWatch Interrupt；

其中：Interrupt 为中断识别号。ISleep 指令执行后，对应的中断将失效，直到 IWatch 指令执行后，中断再次生效，程序示例如下：

VAR intnum Intno1；

PROC main（）

　　……

　　CONNECT Intno1 WITH TAlarm；

　　ISignalDI di1,1, Intno1；

　　……

　　ISleep intno1；

　　……

　　IWatch intno1；

　　……

ENDPROC

IDisable 和 IEnable 的操作对象是所有的中断，所以不需要指定中断识别号。在系统通信程序执行时，通常提前将所有的中断关闭，避免通信过程中出现干扰，通信结束后再恢复所有的中断，程序示例如下：

IDisable；

FOR i FROM 1 TO 100 DO；

　　character[i]：＝ReadBin（sensor）；

ENDFOR

IEnable；

4. 定时中断指令

定时中断指令 ITimer 能产生一个由时间触发的中断，其标准格式为：

ITimer [\Single] [SingleSafe]，Time，Interrupt；

其中：ITimer 为定时中断指令；Time 为中断间隔时间，单位为 s；Interrupt 为中断识别号。定

时中断的程序示例如下:

```
VAR intnum intno1;
VAR num counter1;
PROC main()
    CONNECT intno1 WITH Tcounter;
    ITimer 60,intno1;
    ……
ENDPROC
TRAP Tcounter
counter1:= counter1+1;
ENDTRAP
```

本段程序每 60 s 产生一次中断,在中断程序中执行 counter1 加 1 并赋值给 counter1 的运算。可以通过查询 counter1 的具体数值来监控机器人的运行时间。

习　　题

一、简答题

1. I/O 信号有哪几种类型?

2. 机器人标准 I/O 模块的作用是什么? 如何准确地定义一个 I/O 模块的硬件地址?

3. 简述机器人系统中配置 I/O 模块和 I/O 信号的操作步骤。

4. 置位、复位指令的作用是什么?

5. 中断程序与子程序有何区别?

6. 简述 I/O 类中断程序的编写步骤。

二、实操题

根据本项目中描述的机器人搬运工作站的动作流程,完成硬件接线、I/O 配置、程序编写的任务,实现搬运流水线的正常工作。

项目 7 工业机器人的典型应用轨迹设计

【技能目标】

1. 能够分析机器人的典型应用领域；
2. 能够使用机器人相关指令编写典型应用程序；
3. 能够使用人机交互指令编写并调试程序；
4. 能够解读并调试机器人典型应用案例。

微信扫一扫

【知识目标】

1. 了解机器人的典型应用领域；
2. 掌握机器人轨迹类应用程序编写；
3. 掌握机器人典型应用的调试过程；
4. 掌握人机交互指令的使用方法。

本项目以工业机器人的搬运、涂胶、喷漆、焊接这几种常见的典型应用为例，介绍机器人工作站的运动轨迹设计及编程调试过程。通过对本项目的学习，掌握机器人典型应用的运动轨迹设计、复杂程序的结构分析、相关指令的编程及程序调试过程等。本项目以机器人工作站的运动轨迹设计、编程调试、程序解读为例。

任务 7.1 机器人搬运的运动轨迹设计

【任务描述】

如图 7-1 所示的搬运机器人工作站，根据预设的搬运效果，使用 ABB 的 IRB120 机器人夹持真空吸盘吸附太阳能电池板，并完成电池板的码垛任务。

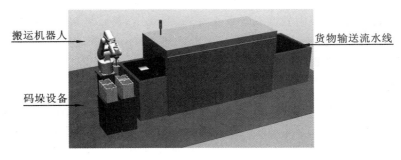

图 7-1 搬运机器人工作站

机器人搬运工作站适应现代制造企业的快节奏生产需求，将员工从繁重而枯燥的重复性劳动中解放出来。机器人搬运工作站与数控机床组成柔性制造系统，通过末端执行器的快速更换以及程序的灵活调整,能够迅速地更改整套系统的制造对象,满足了目前企业小批量高速生产又快速更新换代的生产需求。正是因为这些优点,机器人搬运系统目前已经广泛地应用于机械、电子 3C、化工等各类产品的制造过程之中。

一个典型的搬运机器人工作站通常由安装了搬运工具的机器人、货物输送流水线和货物码垛设备三个部分组成。

7.1.1 搬运工具

机器人在搬运货物的过程中,需要末端的搬运执行器对工件实现可靠夹持,以便机器人能够带着货物沿着预设的轨迹运行。根据搬运的货物种类不同,目前主要有气动手爪、真空吸盘、齿形夹爪三种用于搬运类工作的机器人末端执行器。

1. 气动手爪

气动手爪依靠换向阀调整气缸中压缩空气的流向,由压缩空气推动活塞后,以活塞带动手指实现开合动作从而夹取工件,常用于夹取中小型机械产品。在实际使用过程中根据所夹取工件的外形不同,可以选择图 7-2(a)所示的平面型手指或图 7-2(b)所示的 V 型手指。平面型手指适合夹取两个侧面为平行面的零件,而 V 型手指能够夹取轴类零件。

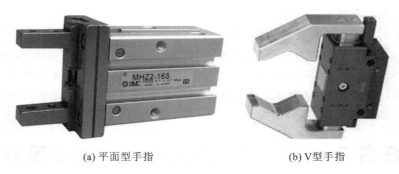

(a) 平面型手指   (b) V型手指

图 7-2　常见的气动手爪

2. 真空吸盘

真空吸盘依靠控制阀和气压管路在橡胶吸盘内部产生的真空负压吸附工件,其外形如图 7-3 所示。与气动手爪相比,如图 7-3(a)所示的单吸盘所能吸附的货物重量较小,但是吸附时的定位精度要求较低,能够吸附软性或者脆性材料,常用于药片、糖果以及袋装日用品等轻型产品的搬运工作。将多个真空负压吸盘组合构成阵列式真空吸盘,能够吸附具有大表面积的曲面类零件,例如汽车表面钢板、玻璃等,阵列式真空吸盘外形如图 7-3(b)所示。

3. 齿形夹爪

齿形夹爪由气缸驱动四杆机构,实现两个齿形抓手的扣合运动,齿形抓手从底部抓取工件并完成搬运工作,其外形如图 7-4 所示。齿形夹爪负载能力大,适合于饲料、种子等农业及化工类袋装产品的搬运工作。需要注意的是,齿形夹爪在抓取和放置过程中,抓手的运动轨迹会超出工件下表面,因此常选用滚筒型输送链进行货物的输送作业。

齿形夹爪闭合夹紧后,夹爪内部空间较小,难以充分发挥其负载能力强的特点。在齿形夹爪的基础上发展得到了平面夹板型夹爪,其外形如图 7-5 所示。平面夹板型夹爪工作时,由气

气压管路

真空吸盘

(a) 单吸盘　　　　　　　　　　(b) 阵列式真空吸盘

图 7-3　真空吸盘

驱动气缸

齿形抓手

(a) 齿形夹爪外形图　　　　　　(b) 工作状态的齿形夹爪

图 7-4　齿形夹爪

平面夹板

齿形抓手

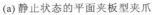

(a) 静止状态的平面夹板型夹爪　　　(b) 工作状态的平面夹板型夹爪

图 7-5　平面夹板型夹爪

缸推动两块平面夹板从侧面压紧货物并将货物缓慢提升,提升货物的同时由气缸推动齿形抓手扣住货物底部,从而实现货物的抓取及搬运工作。平面夹板型夹爪能够与普通的带传动输送线配合工作,适合应用于箱式货物的搬运工作。

上述三种机器人的末端执行器都属于气动机构,需要在气动回路中设置压力开关,图 7-6 所示为亚德客公司的 DPSP1 型数显压力开关。通过压力开关表面的按键,可以设定压力开关内部触点动作的触发值。气动机构夹紧货物的过程中,气动管道内的气压值会一直上升或下降(真空吸盘的管道内气压为负值),能够保证货物充分夹紧的气压值称为气压阈值。将压力开关内部常开触点动作触发值设置为货物夹紧的气压阈值,并将此触点信号作为机器人的输入信号,该信号置 1 表明气动手爪已经充分夹紧货物,机器人可以开始搬运。

图 7-6　数显压力开关

7.1.2　搬运机器人的轨迹设计

相对复杂的机器人工作站程序设计的整体性要求为:逻辑性判断程序写在主程序之中,不同功能的运动程序单独写在例行程序之中,搬运机器人工作流程图如图 7-7 所示。

1. 码垛区货物数量统计

码垛设备每次能够堆垛的货物数量是有限的,机器人系统在调用搬运程序前应该确认码垛区的货物数量。如果货物数量达到上限值,应该立即停止整个搬运工作站,并发出警示信号。搬运流水线的上位机收到警示信号后进行码垛设备的自动更换操作,或者基于人工操作的方式更换码垛设备。

码垛区货物数量的判断程序应该写在 main() 主程序之中,主程序结构示例如下:

VAR num PutedNO;(定义数值型变量 PutedNO)

VAR signaldo do_Full;(定义数字量输出信号 do_Full)

VAR signaldi di_Start;(定义数字量输入信号 di_Start)

CONST robtarget Pwait;(定义机器人起始等候点)

PROC main()

Initial;(调用初始化程序)

WaitDI di_Start,1;(等候机器人启动信号)

WHILE TRUE DO(程序进入死循环运行)

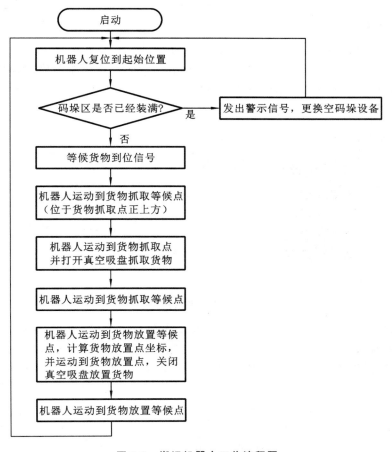

图 7-7 搬运机器人工作流程图

MoveJ Pwait，v200，z50，tool1；（机器人运动到起始等候点）
IF PutedNO≤＝9 THEN（码垛区货物数量没有达到上限）
RobotMOVE；（调用货物搬运程序）
PutedNO：＝ PutedNO＋1；（码垛区已放置货物数量加 1）
ELSE（码垛区货物数量达到上限）
SET do_FULL；（发出警示信号）
END IF
ENDWHILE
ENDPROC

上述程序中，预置的码垛区放置货物数量上限为 9。实际工程中，可以根据具体情况设置码垛区实际放置货物的上限值。

2. 货物堆垛逻辑程序

货物的堆垛过程通常有以下三种形式：

①在 xy 平面中平铺摆放；

②在 z 轴方向叠加摆放；

③首先在 xy 平面中平铺,货物铺满一层后再进行 z 轴方向的第二层叠加。

3. 码放位置计算

这里将以货物在 z 轴方向叠加摆放来进行程序设计。

程序设计背景如图 7-8 所示,货物厚度为 10 mm, z 轴方向叠加摆放;码垛设备总高度为 90 mm,wobj2 工件坐标系位于码垛设备上表面角点, z 轴竖直向上;手动示教 1# 放置点 P1,P1 位于码垛设备上表面正中心。

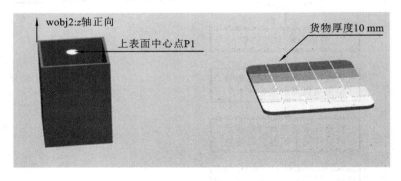

图 7-8　码垛设备结构数据说明

根据已知数据,一个码垛设备最多能够堆垛 9 个货物。如果采用手动示教的形式来设计程序,需要对机器人示教 9 个目标点,而且目标点位于封闭式码垛设备内部,难以从外侧进行观察和测量。这里将采用 Offs 坐标偏移加上数据变量坐标计算的方法来编写机器人放置货物的运动程序。手动示教得到的上表面中心点 P1 应该是码垛设备中第 9 个货物的放置点,那么第 1 个货物相对于 P1 点的坐标偏移值为 $(0,0,-(9-1)*10)$,依次类推第 2 个货物相对于 P1 点的坐标偏移值为 $(0,0,-(9-2)*10)$。整理可得,第 N 个货物相对于 P1 点的 z 向坐标偏移值为 $-(9-N)*10$。按照此逻辑设计的机器人运动程序示例如下:

```
VAR num PutedNO;（定义数值型变量 PutedNO）
PROC main()
……
ENDPROC
PROC RobotMOVE
WaitDI di_arrived,1;（等候货物到位信号）
MoveL Ppick0 , v200, z50, tool1\WOBj:=wobj0;（机器人运行到货物抓取点上方）
SET do_vacuum;（打开真空阀抓取货物）
MoveL Ppick , v200, z50, tool1\WOBj:=wobj0;（机器人向下运行到货物抓取点）
WaitDI di_vacuumed,1;（等候气压开关信号）
MoveL Ppick0 , v200, z50, tool1\WOBj:=wobj0;（机器人运行到货物抓取点上方）
MoveJ Pplace0 , v200, z50, tool1\WOBj:=wobj2;（机器人运行到货物放置等候点,P1 点上方）
MoveL Offs(P1,0, 0, -(9-PutedNO)*10), v200, z50, tool1\WOBj:=wobj2;（根据货物编号及坐标计算公式放置货物）
Reset do_vacuum;（关闭真空阀放置货物）
```

MoveL Pplace0，v200，z50，tool1\WOBj：＝wobj2；（机器人竖直运行到货物放置等候点）

ENDPROC

在上述程序中，以 P1 点作为坐标偏移参考点，采用 Offs 偏移的形式来摆放货物。货物摆放点坐标偏移计算公式－（9－PutedNO）＊10 中变量 PutedNO 的初始值为 1，机器人运动程序 RobotMOVE 每执行一次，主程序 main（）中的语句 PutedNO：＝ PutedNO＋1 对变量 PutedNO重新赋值。

4．机器人运动中间点选择

在机器人运动程序 RobotMOVE 中，机器人在货物抓取点和放置点的正上方，分别设置了抓取等候点 Ppick0 和放置等候点 Pplace0。这样做的目的是保证机器人在抓取或者放置货物时，沿着 z 轴方向竖直运行，避免机器人、手爪、货物在搬运过程中对其他设备产生干涉或者发生碰撞。实际工程中 Ppick0 和 Pplace0 之间如果还有其他设备存在，则机器人需要选择更多的运动中间点以规划出合理的避障运动路线。

7.1.3　搬运机器人的 I/O 配置

机器人搬运工作站系统采用 ABB 机器人标配的 DSQC652 I/O 通信板卡，该型号的 I/O 通信板卡包含数字量的 16 个输入和 16 个输出。此 I/O 单元的相关参数需要在 DeviceNet Device 中设置，DeviceNet Device 板参数配置如表 7-1 所示。

表 7-1　DeviceNet Device 板参数配置

Name	Type of Device	Network	Address
Board10	D652	DeviceNet1	10

表 7-2 列出了搬运工作站的 I/O 信号参数配置。在此工作站中需要配置 3 个数字输入信号：di_Start，用于控制机器人启动；di_arrived，用于检测输送流水线上的货物到位信号；di_vacuumed，用于接收数显压力开关的触点信号，检测货物是否夹紧。2 个数字输出信号：do_vacuum，用于控制真空阀；do_FULL，用于警示码垛设备已经装满。

表 7-2　I/O 信号参数配置

Name	Type of Signal	Assigned to Device	Device Mapping
di_Start	Digital Input	Board10	
di_arrived	Digital Input	Board10	
di_vacuumed	Digital Input	Board10	
do_vacuum	Digital Output	Board10	
do_FULL	Digital Output	Board10	

任务 7.2　机器人涂胶的运动轨迹设计

【任务描述】

如图 7-9 所示的涂胶机器人工作站，根据预设的涂胶效果，使用 ABB 的 IRB1410 机器人夹持的胶枪工具将胶体均匀地涂抹在汽车后挡风玻璃轮廓的周围，完成汽车后挡风玻璃的涂胶任务。

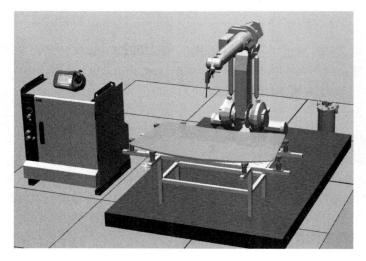

图7-9　涂胶机器人工作站

随着自动化技术的发展,汽车装配的自动化程度也越来越高。汽车装备的高自动化、高柔性、高智能是整个汽车装备制造业和汽车工业发展的方向。汽车挡风玻璃的安装是汽车总成的一道重要工序,挡风玻璃的安装质量直接影响到整车的密封性和驾驶员的安全性,是汽车质量的一项重要指标。为了提高汽车挡风玻璃的安装智能化水平和质量,在玻璃的涂胶安装过程中采用工业机器人系统。由工业机器人代替原来的手工涂装,大大提高了汽车挡风玻璃涂胶系统的安装效率和涂胶质量。

汽车挡风玻璃涂胶系统是针对现代汽车总装对挡风玻璃涂胶质量和自动化需求所开发的,整个系统由机器人系统、供胶系统、工作台、控制系统等组成。采用机器人涂胶系统具有生产节奏快、工艺参数稳定、产品一致性好、生产柔性大等优点。

7.2.1　涂胶系统

涂胶系统是一种以压缩空气为动力源,通过压强比的不同,最终将密封胶以较大压力输送到操作工位的整套设备。涂胶系统主要包括供胶泵、温控系统、计量泵、胶管、胶枪等部分。供胶泵实现系统供胶,温控系统完成胶的温度控制,保持恒温供胶,从而保证胶的黏性。供胶量由计量泵控制。另外系统采用双泵供胶,双泵循环工作,避免了工作过程中供胶泵故障和单个胶桶用完后更换胶桶引起的停线现象,大大节省了装配时间,提高了装配效率。

7.2.2　涂胶的运动轨迹设计

涂胶机器人在汽车后挡风玻璃的涂胶过程中,需要预设涂胶轨迹,以便机器人的胶枪可以沿着预设涂胶轨迹运行。涂胶机器人的运动轨迹是:机器人首先复位到起始位置点,在机器人的胶枪到达涂胶路径上的开始位置时开启胶枪,启动涂胶系统开始涂胶,随着胶枪沿着预设的涂胶轨迹运动,进行涂胶,在到达涂胶预设轨迹结束位置时,关闭涂胶系统,结束涂胶。机器人涂胶运动轨迹流程图如图7-10所示。

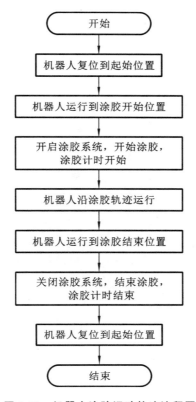

图 7-10　机器人涂胶运动轨迹流程图

在轨迹类示教编程过程中需要示教大量的目标点,以便满足实际的工艺轨迹要求。同时,在示教目标点时要尽量调整工具姿态,使得工具 z 轴方向与工件表面保持垂直。

1. 涂胶起始点

机器人在正前方的工作区域比较大时,一般应避开选取正前方的点为起始或结束点,防止机器人在此区域产生死点或奇点。因此,此工作站的机器人起始涂胶点选取位置如图 7-11 所示,然后沿逆时针方向运行,完成涂胶轨迹的示教。

图 7-11　机器人起始涂胶位置

2．涂胶轨迹点

根据涂胶轨迹要求,涂胶轨迹上的目标点沿轨迹进行示教,保证机器人运动轨迹与涂胶轨迹相吻合。

3．涂胶起始的接近点

在机器人轨迹运行过程中,需要在接近涂胶起始点的位置设置一个接近点,一般选取在涂胶起始点的正上方,如图 7-12 所示。

图 7-12　涂胶起始的接近点

4．涂胶结束点

涂胶轨迹结束时需要关闭胶枪,胶枪离开工作区域。汽车挡风玻璃涂胶轨迹为封闭轨迹,因此,涂胶的结束点应和涂胶起始点相同,达到涂胶的密封性工艺要求。

5．涂胶结束的离开点

涂胶结束后,结束点和起始点重合,因此,结束的离开点同样可以与涂胶起始的接近点重合为一点。

6．工作原点 pHome

机器人的工作原点,是系统运行时的起始复位位置或结束后的复位位置,可自由选取,一般应避开各轴的零点位置。如图 7-13 所示为 pHome 的设定位置。

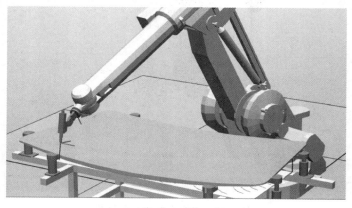

图 7-13　pHome 的设定位置(涂胶)

7.2.3 涂胶机器人的 I/O 配置

机器人涂胶工作站系统采用 ABB 机器人标配的 DSQC652 I/O 通信板卡,该型号的 I/O 通信板卡包含数字量的 16 个输入和 16 个输出。此 I/O 单元的相关参数需要在 DeviceNet Device 中设置,DeviceNet Device 板参数配置如表 7-3 所示。

表 7-3 DeviceNet Device 板参数配置

Name	Type of Device	Network	Address
Board10	D652	DeviceNet1	10

表 7-4 列出了涂胶工作站的 I/O 信号参数配置。在此工作站中需要配置 1 个数字输出信号 doGlue,用于控制开启胶枪的动作;1 个数字输入信号 diGlueStart,用于涂胶启动信号。

表 7-4 I/O 信号参数配置

Name	Type of Signal	Assigned to Device	Device Mapping
doGlue	Digital Output	Board10	0
diGlueStart	Digital Input	Board10	0

任务7.3 机器人喷漆的运动轨迹设计

【任务描述】

如图 7-14 所示的喷涂机器人工作站,根据预设的喷漆效果,使用 ABB 的 IRB540 喷涂机器人完成对汽车车门的喷漆任务。

图 7-14 喷涂机器人工作站

IRB540 机器人是 ABB 公司生产的一种人性化的智能喷涂机器人,该机器人能最大限度地提高喷涂性能,降低生产成本,并能稳定维持优异的涂装品质,减少过喷现象,降低原料的耗用与浪费。如图 7-14 中的喷涂机器人,机器人本体应配有防护服,工作时应穿好防护服,以防止油漆及溶剂对机体的污染和腐蚀。长时间处于备用状态时,必须及时清理防护服并穿戴好,以保持机器人本体的清洁。

7.3.1 喷涂系统

1. IRB540 喷涂机器人

喷涂机器人工作站采用 ABB 公司的喷涂专用机器人 IRB540-12,IRB540 是一款面面兼顾、结构精简的机器人,配备独创的专利技术 FlexWrist(柔性手腕),十分方便于人工编程(点到点、连续路径)。

喷涂机器人一般都是 6 轴机器人,其中轴 4、5、6 分布在机器人的腕关节部分。其中各个轴的运动方向如图 7-15 所示。

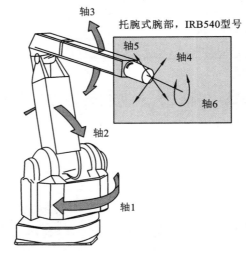

图 7-15　IRB540 喷涂机器人 6 轴的运动方向

2. 喷涂机器人系统

自动化喷涂,一般都采用涂料循环到枪的供料系统,涂料在系统中始终处在流动状态,避免涂料在停喷时停留在系统中造成沉淀,导致喷涂质量问题或管路堵塞。喷涂机器人系统主要由机器人本体、喷枪、控制器、抽气装置、操作器等组成,如图 7-16 所示。

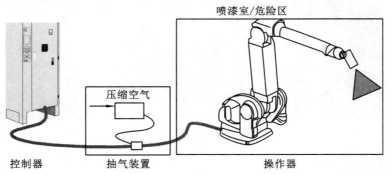

图 7-16　喷涂机器人系统

7.3.2   喷涂机器人的运动轨迹设计

喷涂机器人在喷漆过程中,喷枪并不是一直处在打开状态,只有在工件上方需要出漆时喷枪才会打开,在不需要时,要及时关闭喷枪。

喷涂机器人在汽车车门喷漆过程中,需要预设喷涂轨迹,以便机器人的喷枪可以沿着预设喷涂轨迹运行。喷涂机器人的运动轨迹是:机器人首先复位到起始位置点,在机器人的喷枪到达喷漆路径上的开始位置时开启喷枪,启动喷涂系统开始喷涂,随着喷枪沿着预设的喷涂轨迹运动,进行喷涂,在到达喷涂预设轨迹结束位置时,关闭喷涂系统,结束此段喷涂任务。机器人喷漆运动轨迹流程图如图 7-17 所示。

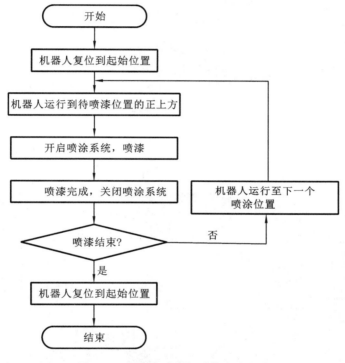

图 7-17   机器人喷漆运动轨迹流程图

喷涂机器人在示教程序前要分析工件形状和喷涂工艺要求,并以方便机器人运行的方向来选择示教目标点。同时,在示教目标点时要尽量调整工具姿态,使得工具 z 轴方向与工件表面保持垂直。

1. 轨迹运动点

机器人在进入喷涂区域进行喷涂之前和喷涂路径完成之后,退出喷涂区域进入下一个喷涂区域时的运动路径,需要根据工作空间及环境选取示教点,在满足工作需要的同时,应使此段路径的工作时间尽量缩短,以提升整体的工作效率。

2. 喷漆轨迹点

根据喷漆轨迹要求,喷漆轨迹上的目标点沿轨迹进行示教,保证机器人的运动轨迹与喷漆轨迹相吻合。机器人喷涂路径示意图如图 7-18 所示。

图 7-18　机器人喷涂路径示意图

3．工作原点 pHome

机器人的工作原点,是系统运行时的起始复位位置或结束后的复位位置,可自由选取,一般应避开各轴的零点位置。pHome 的设定位置如图 7-19 所示。

图 7-19　pHome 的设定位置(喷涂)

7.3.3　喷涂指令参数

1．PaintL 指令

喷涂指令 PaintL 用于喷涂工艺过程中的机器人运动控制,其中包括了机器人的移动、喷涂量大小、喷涂的扇形面等参数的设定。

程序示例如下：

PaintL ＊,v100,z50,tPaint;

其中：

① PaintL 表示机器人的喷涂路径为直线路径；

② ＊是喷涂示教点的名称，为隐藏指令位置的值；

③ v100 确定机器人喷涂过程中的喷枪运动速度，v100 表示机器人运行速度为 100 mm/s；

④ tPaint 是当前选用的工具坐标。

2. 喷涂量大小的调定

根据所喷涂工艺要求的不同可以对喷涂量大小进行实时监控调节。在运行程序窗口，打开"PAINT"下拉菜单，对喷枪的喷涂量大小、喷涂的扇形面等参数进行调节，以实时达到不同的喷涂工艺要求。

示教过程中为保证工艺参数稳定，要尽量保持喷涂方向垂直于工件表面，同时距离、速度等基本保持恒定。

7.3.4 喷涂机器人的 I/O 配置

机器人喷涂工作站系统采用 ABB 机器人标配的 DSQC652 I/O 通信板卡，该型号的 I/O 通信板卡包含数字量的 16 个输入和 16 个输出。此 I/O 单元的相关参数需要在 DeviceNet Device 中设置，DeviceNet Device 板参数配置如表 7-5 所示。

表 7-5 **DeviceNet Device 板参数配置**

Name	Type of Device	Network	Address
Board10	D652	DeviceNet1	10

表 7-6 列出了喷涂工作站的 I/O 信号参数配置。在此工作站中需要配置 1 个数字输出信号 doPaint，用于控制开启喷枪的动作；1 个数字输入信号 diPaintStart，用于喷涂启动信号。

表 7-6 **I/O 信号参数配置**

Name	Type of Signal	Assigned to Device	Device Mapping
doPaint	Digital Output	Board10	0
diPaintStart	Digital Input	Board10	0

任务7.4 机器人焊接的运动轨迹设计

【任务描述】

如图 7-20 所示的焊接机器人工作站，根据预设的焊接效果，使用 ABB 的 IRB6640 机器人夹持的点焊焊钳工具实现对汽车白车身的点焊操作，完成汽车白车身的焊接任务。

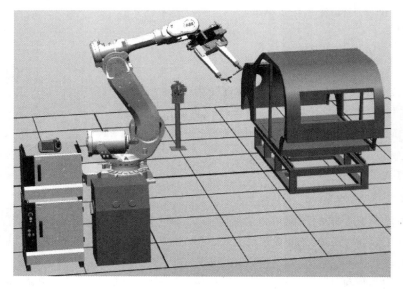

图 7-20　焊接机器人工作站

　　汽车车身焊装工程是汽车整车制造中的重要工程之一。汽车车身，特别是轿车车身制造一直是高新技术应用相对集中的场合，其主要特征是采用了大量的焊接机器人进行车身焊装。随着汽车生产线柔性化水平的提高，对汽车白车身点焊的工艺有了更高的要求。据统计，每辆汽车（车身总成及车身部装件），有 3000～4000 个电阻点焊焊点。在汽车车身焊装工艺中，电阻点焊机器人处于主导地位。焊接机器人的应用加速实现了车身制造的柔性化、常量化与自动化的进程，它不仅可以提升车身整车及零部件生产效率，而且使生产线更具有柔性，适应了市场对轿车车身改型生产的需求，同时保证了焊接质量。

7.4.1　点焊系统

　　冲压成型后的白车身部件经过组合装配后，对需要焊接的位置通过电极施加压力，利用电流通过接头的接触面及邻近区域产生的电阻热进行焊接的方法称为电阻焊，即点焊。点焊具有生产效率高、成本低、用料省、易于自动化等特点，保证了白车身组装后的整个车体的可靠性。点焊机器人系统如图 7-21 所示。

　　点焊电缆包为机器人法兰盘上的点焊钳、点焊控制器和水冷及压缩空气单元提供标准可靠的连接，确保工业机器人在大范围运动时的柔性及线缆连接的可靠性。

　　点焊钳，一般分为气动点焊钳和伺服点焊钳两大类。目前，伺服点焊钳的应用越来越广泛。相比气动点焊钳，伺服点焊钳的特点是输入量和相应的控制模型为恒定转矩。从控制系统的角度分析，气动点焊钳是开环控制，伺服点焊钳则是具有反馈的闭环控制。相应地，伺服点焊钳电极的运动和力就可以得到更加精确的控制。采用焊接机器人进行焊接，可使焊接过程更易控制，焊机更易操作，焊点质量得到保证。

　　点焊控制器是对点焊钳的点焊参数进行控制的设备。水冷及压缩空气单元是为点焊钳提供冷却与动作支持的单元。

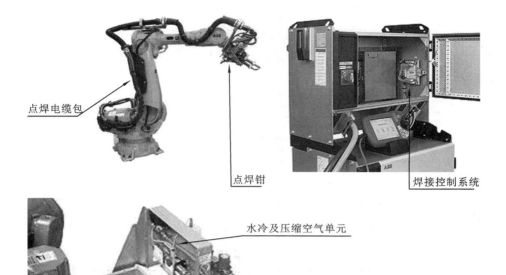

点焊电缆包

点焊钳

焊接控制系统

水冷及压缩空气单元

图 7-21　点焊机器人系统

7.4.2　点焊的运动轨迹设计

　　点焊机器人在汽车白车身的焊接过程中,需要预设焊接轨迹,以便机器人的点焊钳可以沿着预设焊接轨迹运行。焊接机器人的运动轨迹是:机器人首先复位到起始位置点,机器人到达焊接接近点,机器人的焊枪在到达规划的焊点位置时,开启点焊钳,启动焊接系统并开始点焊,焊接结束,关闭点焊钳,机器人退回至焊接接近点,运动至下一个焊接接近点,准备焊接;在焊接结束后退回至起始位置点,完成焊接任务。机器人点焊运动的轨迹流程图如图 7-22 所示。

　　焊接机器人运动过程中有轨迹运动点和焊接点,需要根据焊接工艺和焊接路径示教这些点。在示教目标点时需要根据实际情况调整工具姿态,使得工具 z 轴方向与工件表面保持垂直。同时,若长期使用点焊钳,点焊钳会受到一定的磨损,需要进行修整或更换。

　　1. 轨迹运动点

　　机器人在进入焊接区域进行焊接之前和焊接路径完成之后,退出焊接区域进入下一个焊接区域时的运动路径,需要根据工作空间及环境选取示教点,在满足工作需要的同时,应使此段路径的工作时间尽量缩短,以提升整体的工作效率。

　　2. 焊接点

　　根据焊接工艺要求,在焊接轨迹上进行目标点的示教,完成焊接任务。机器人点焊路径示意图如图 7-23 所示。

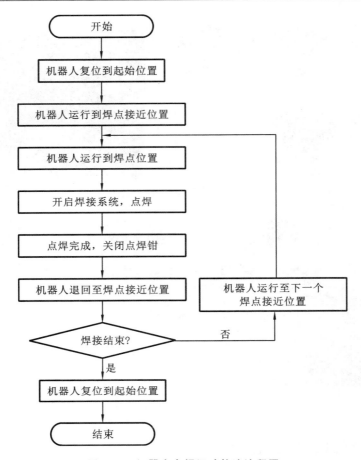

图 7-22　机器人点焊运动轨迹流程图

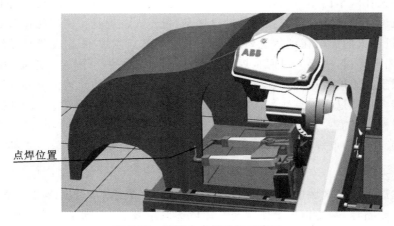

图 7-23　机器人点焊路径示意图

3. 工作原点 pHome

机器人的工作原点，是系统运行时的起始复位位置或结束后的复位位置，可自由选取，一般应避开各轴的零点位置。pHome 的设定位置如图 7-24 所示。

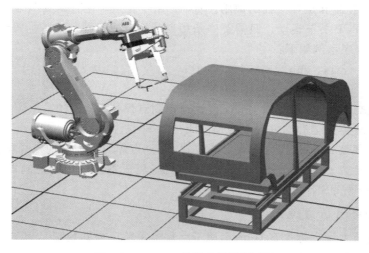

图 7-24   pHome 的设定位置(点焊)

4. 焊钳修整位置

焊钳在使用一定的时间或点焊一定的次数后需要运行到焊钳修磨器位置进行修整,以保证焊接的工艺要求。因此,在焊接机器人工作站中,安装有焊钳修磨器,焊钳修整示意图如图7-25 所示。

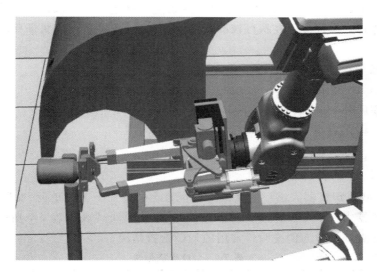

图 7-25   焊钳修整示意图

7.4.3   点焊常用指令

焊接机器人系统需要安装专用的焊接模块系统,在需要进行焊接的位置点上使用焊接指令进行焊接。常见的焊接系统使用的指令如下。

1. 线性/关节点焊指令

点焊指令(SpotL/SpotJ),用于点焊工艺过程的机器人运动控制,其中包括了机器人的移动、点焊钳的开关控制和点焊参数的调用。SpotL 用于在点焊位置的 TCP 线性移动,SpotJ 用于在点焊之前的 TCP 关节运动。只需要一条指令就能完成机器人点焊的操作。

SpotL 指令程序示例如下:

SpotL p100, vmax, gun1, spot10, tool1;

其中:

①当前的点焊钳 tool1 以速度 vmax 线性运动到点焊位置点 p100;

②点焊钳在机器人运动的过程中会预关闭;

③点焊工艺参数 spot10 包含了在点焊位置 p100 点焊时所需要的点焊参数;

④点焊设备参数 gun1 是一个 num 类型的数据,用于指定点焊的控制器。点焊设备参数储存在系统模块 SWUSER.SYS 中。

2. 点焊枪关闭压力设定

点焊枪关闭压力设定指令 SetForce,用于点焊枪关闭压力的控制。

SetForce 指令程序示例如下:

SetForce gun1, force10;

点焊枪关闭压力设定指令指定使用点焊枪参数压力,点焊设备参数 gun1 是一个 num 类型的数据,用于指定点焊的控制器。点焊设备参数储存在系统模块 SWUSER.SYS 中。

3. 校准点焊枪指令

校准点焊枪指令 Calibrate,用于在点焊中校准点焊枪电极的距离。在更换了点焊枪或焊枪枪嘴后需要进行一次校准。在执行校准点焊枪指令后,校准数据会更新到对应的程序数据 gundata 中去。

Calibrate 指令程序示例如下:

Calibrate gun1\ TipChg;

在更换枪嘴后对 gun1 进行校准,gun1 对应的是正在使用的点焊设备。指令执行后,程序数据 curr_gundata 的参数 curr_tip_wear 将自动复位为零。

7.4.4 点焊机器人的 I/O 配置

一般地,ABB 点焊机器人出厂的默认 I/O 配置会预置 5 个 I/O 单元,如图 7-26 所示。

一台点焊机器人最多可以连接 4 套点焊设备,I/O 模块列表如表 7-7 所示。下面以一个机器人配置一套点焊设备为例说明最常用的 I/O 配置情况。

表 7-7　I/O 模块列表

I/O 模块名称	说　　明
SW_DEVICE1	点焊设备 1 对应基本 I/O
SW_DEVICE2	点焊设备 2 对应基本 I/O
SW_DEVICE3	点焊设备 3 对应基本 I/O
SW_DEVICE4	点焊设备 4 对应基本 I/O
SW_SIM_DEVICE	机器人内部中间信号

I/O 模块 SW_DEVICE1 的信号分配情况如表 7-8 所示。

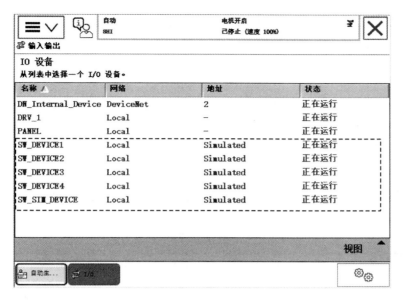

图 7-26 I/O 窗口

表 7-8 I/O 模块 SW_DEVICE1 的信号分配表

信　　号	类　　型	说　　明
doStartWeld	Output	点焊控制器启动信号
goWeldProgram	Output group	调用点焊参数组
doWeldPowerContact	Output	焊接电源控制
doResetFault	Output	复位信号
doEnableCurrent	Output	焊接仿真信号
diWeldComplete	Input	点焊控制器准备完成信号
diWeldFault	Input	点焊控制器故障信号
diTimerReady	Input	点焊控制器焊接准备完成
doNewProgram	Output	点焊参数组更新信号
doEqualize	Output	点焊枪补偿信号
doCloseGun	Output	点焊枪关闭信号（气动枪）
doOpenHighLift	Output	打开点焊枪到 hlift 的位置（气动枪）
doCloseHighLift	Output	从 hlift 位置关闭点焊枪（气动枪）
diGunOpen	Input	点焊枪打开到位（气动枪）
diHighLiftOpen	Input	点焊枪已打开到 hlift 位置（气动枪）
diPressureOk	Input	点焊枪压力没问题（气动枪）
doStartWater	Output	打开水冷系统
diTrafoTempOk	Input	过热报警信号
diWaterFlow1Ok	Input	管道 1 水流信号

信　号	类　型	说　明
diWaterFlow2Ok	Input	管道 2 水流信号
diAirOk	Input	补偿气缸压缩空气信号
diWeldContact	Input	焊接接触器状态
diEquipmentOk	Input	点焊枪状态信号
g1_press_group	Output group	点焊枪压力输出
doProcessRun	Output	点焊状态信号
doProcessFault	Output	点焊故障信号

I/O 模块 SW_SIM_DEVICE 的常用信号分配情况如表 7-9 所示。

表 7-9　I/O 模块 SW_SIM_DEVICE 的常用信号分配表

信　号	类　型	说　明
force_complete	Input	点焊压力状态
reweld_proc	Input	再次点焊信号
skip_proc	Input	错误状态应答信号

此焊接机器人系统的 I/O 模块采用了 ABB 标配的 DSQC652，包含 16 个数字输入量和 16 个数字输出量。DeviceNet Device 板参数配置如表 7-10 所示。

表 7-10　DeviceNet Device 板参数配置

Name	Type of Device	Network	Address
SW_DEVICE1	D652	DeviceNet1	10

根据焊接机器人控制系统的需求配置相关的控制信号。I/O 信号参数配置如表 7-11 所示。

表 7-11　I/O 信号参数配置

Name	Type of Signal	Assigned to Device	Device Mapping	说　明
di_StartPro	DI	无		点焊启动信号
diAirOk	DI	SW_DEVICE1	6	补偿气缸压缩空气信号
diWeldContact	DI	SW_DEVICE1	3	焊接接触器状态
diWeldComplete	DI	SW_DEVICE1	0	点焊控制器准备完成信号
diTimerReady	DI	SW_DEVICE1	1	点焊控制器焊接准备完成
diTrafoTempOk	DI	SW_DEVICE1	7	过热报警信号
diWaterFlow1Ok	DI	SW_DEVICE1	4	管道 1 水流信号
diWaterFlow2Ok	DI	SW_DEVICE1	5	管道 2 水流信号
diGunClose	DI	SW_DEVICE1	12	点焊枪关闭

Name	Type of Signal	Assigned to Device	Device Mapping	说　明
diGunOpen	DI	SW_DEVICE1	9	点焊枪打开
diHighLiftOpen	DI	SW_DEVICE1	10	点焊枪已打开到 hlift 位置
diPressureOk	DI	SW_DEVICE1	8	点焊枪压力没问题
doStartWeld	DO	SW_DEVICE1	1	点焊控制器启动信号
doStartWater	DO	SW_DEVICE1	6	打开水冷系统
g1_open_gun	DO	SW_DEVICE1	13	点焊枪打开信号
doOpenHighLift	DO	SW_DEVICE1	8	打开点焊枪到 hlift 的位置
doWeldPowerContact	DO	SW_DEVICE1	5	焊接电源控制
doEqualize	DO	SW_DEVICE1	0	点焊枪补偿信号
doEnableCurrent	DO	SW_DEVICE1	2	焊接仿真信号
doCloseHighLift	DO	SW_DEVICE1	9	从 hlift 位置关闭点焊枪
doCloseGun	DO	SW_DEVICE1	7	点焊枪关闭信号
do_TipDress	DO	SW_DEVICE1	14	点焊枪修整
doResetFault	DO	SW_DEVICE1	3	复位信号
goWeldProgram	GO	SW_DEVICE1	10~12	调用点焊参数组

习　　题

一、简答题

1. 机器人常用的搬运工具类型及其特点有哪些？

2. 在工作过程中,搬运机器人的吸盘工具和抓手工具的动作有何不同？

3. 涂胶机器人涂胶的运动轨迹与哪些因素有关？

4. 焊接机器人的焊接参数如何选择？

5. 喷涂机器人的喷涂指令如何使用？

二、实操题

1. 分析路径轨迹特点,合理选择示教点,优化机器人的运动速度及轨迹的吻合程度,分析机器人搬运太阳能电池板工作站的动作流程,完成硬件测试、I/O 配置、程序编写的任务,实现搬运流水线的正常工作。

2. 分析路径轨迹特点,合理选择示教点,优化机器人的运动速度及轨迹的吻合程度,分析机器人涂胶轨迹的动作流程,完成硬件测试、I/O 配置、程序编写的任务,实现机器人沿着工件进行涂胶。

3. 分析路径轨迹特点,合理选择示教点,优化机器人的运动速度及轨迹的吻合程度,分析机器人喷漆轨迹的动作流程,完成硬件测试、I/O 配置、程序编写的任务,实现机器人沿着工件进行喷漆。

4. 分析路径轨迹特点,合理选择示教点,优化机器人的运动速度及轨迹的吻合程度,分析机器人焊接轨迹的动作流程,完成硬件测试、I/O配置、程序编写的任务,实现机器人沿着工件进行焊接。

项目 8　工业机器人的现场总线通信技术

本项目介绍机器人常用的现场总线通信形式。通过对本项目的学习，了解现场总线通信技术的发展，机器人工作现场常用的几种现场总线及典型的应用案例等。本项目以自动送料码垛机器人工作站的调试过程为例介绍机器人与 PLC 之间的通信技术。

任务 8.1　现场总线通信技术

【任务描述】

了解现场总线通信技术的概念和特点，了解机器人在现场总线通信中的地位和作用。

信息技术的飞速发展导致了自动化领域的巨大变革，并逐步形成了网络化的、全开放式的自动控制体系结构，而现场总线技术正是这场变革中最核心的技术。现场总线控制系统正代表着工业控制网络集散的发展方向。

8.1.1　现场总线的概念

现场总线是 20 世纪 80 年代后期在工业控制中逐步发展起来的。随着微处理器技术的发展，其功能不断增强，而成本不断下降。计算机技术和计算机网络技术的迅速发展为现场总线的诞生奠定了技术基础。

另一方面，智能仪表也出现在工业控制中。在原模拟仪表的基础上增加具有计算功能的微处理芯片，在输出的 4～20 mA 直流信号上叠加数字信号，使现场输入/输出设备与控制器之间的模拟信号转变为数字信号。智能仪表的出现为现场总线的诞生奠定了应用基础。

所谓现场总线技术，是指将现场设备（如数字传感器、变送器、仪表与执行机构等）与工业过程控制单元、现场操作站等互联而成的计算机网络，它具有全数字化、分散、开放、双向传输和多分支的特点，是工业控制网络向现场级发展的产物。现场总线将各个分散测量控制设备编成网络节点，以现场总线为纽带，把它们连接成可以互相沟通信息、共同完成自控任务的网络系统和控制系统。基于现场总线的控制系统被称为现场总线控制系统（fieldbus control system，FCS）。

现场总线技术是综合运用微处理技术、网络技术、通信技术和自动控制技术的产物。它把专用微处理器置入现场自控设备和测量仪表，使它们具有了数字计算和数字通信的能力，成为能独立承担某些控制、通信任务的网络节点。此方法提升了信号的测量、控制和传输精度，同时为丰富控制信息的内容和实现其远程传送控制提供了条件。

8.1.2 现场总线的特点

现场总线系统打破了传统控制系统，采用按控制回路要求、设备一对一地分别进行连线的结构形式，把原先 DCS 中处于控制室的控制模块、各输入输出模块放入现场设备，而现场设备具有通信能力，因而控制系统功能能够不依赖控制室的计算机或控制仪表，直接在现场完成，实现了彻底的分散控制。

现场总线控制系统既是一个开放的通信网络，又是一种全分散的控制系统，它把作为网络节点的智能设备连接成自动化网络系统，实现基础控制、补偿计算、参数修改、报警、显示、监控、优化的综合自动化功能，它是一项以智能传感器、控制、计算机、数字通信、网络为主要内容的综合技术。

具体地说，现场总线控制系统在技术上具有以下特点。

（1）系统具有互操作性与互替换性

现场总线系统是一种开放式的互联网，通信协议遵从相同的标准，设备之间可以实现信息交换，用户可按自己的需要，把不同供应商的产品组成开放互联的系统。系统间、设备间可以进行信息交换，不同生产厂家的性能类似的设备可以互换。

（2）系统功能自治性

系统将传感测量、补偿计算、工程量处理与控制等功能分散到现场设备中完成，现场设备可以完成自动控制的基本功能，并可以随时诊断设备的运行状况。

（3）系统具有分散性

现场总线构成的是一种全分散的控制系统结构，简化了系统结构，提高了可靠性。

（4）系统具有对环境的适应性

工作在生产现场前端、作为工厂底层网络的现场总线，是专为现场环境而设计的，可支持双绞线、同轴电缆、光缆、射频、红外线、电力线等多种通信介质，具有较强的抗干扰能力，能采用两线制实现供电和通信，并可以满足安全防爆的要求。

任务 8.2 工业机器人常用的现场总线

【任务描述】

了解自动化系统中常用的现场总线类型，了解 Profibus 现场总线的特点。

8.2.1　常用现场总线的类型

1984 年,国际电工技术委员会/国际标准协会(IEC/ISA)就开始指定现场总线的标准,然而统一的标准至今仍未完成。很多公司推出其各自的现场总线技术,但彼此的开放性和相互操作性难以统一。

经过多年的讨论,终于在 1999 年年底通过了 IEC61158 现场总线标准,这个标准容纳了 8 种互不兼容的总线协议。后来又经过不断讨论和协商,在 2003 年 4 月,IEC61158 Ed.3 现场总线标准第 3 版正式成为国际标准,确定了 10 种不同类型的现场总线为 IEC61158 现场总线,如表 8-1 所示。

表 8-1　IEC61158 的现场总线

类型编号	名　称	发起的公司
Type1	TS61158 现场总线	原来的技术报告
Type2	ControlNet 和 Ethernet/IP 现场总线	美国 Rockwell 公司
Type3	Profibus 现场总线	德国 Siemens 公司
Type4	P-Net 现场总线	丹麦 Process Data 公司
Type5	FF HSE 现场总线	美国 Fisher Rosemount 公司
Type6	SwiftNet 现场总线	美国波音公司
Type7	World FIP 现场总线	法国 Alstom 公司
Type8	InterBus 现场总线	德国 Phoenix Contact 公司
Type9	FF H1 现场总线	现场总线基金会
Type10	ProfiNet 现场总线	德国 Siemens 公司

(1) 基金会现场总线(foundation fieldbus,FF)

基金会现场总线是在过程自动化领域得到广泛支持和具有良好发展前景的一种技术。其前身是 ISP 和 WorldFIP 协议标准,其中 ISP 是可互操作系统协议的简称,它基于德国的 Profibus 标准,而 WorldFIP 则是世界工厂仪表协议(world factory instrumentation protocol)的简称,是基于法国的工厂仪表协议(FIP)标准。

(2) CAN(controller area network,控制器局域网)

CAN 是控制器局域网的简称,广泛应用于离散控制领域。其总线规范已被 ISO 国际标准组织制定为国际标准,得到了 Motorola、Intel、Philips、Siemens 等公司的支持。CAN 协议也是建立在 ISO/OSI 模型基础之上的,但是只用到了其中的物理层、数据链路层和应用层。其信号传输介质为双绞线,通信速率最高可达 1 Mbit/s,直接传输距离最远可达 10 km,最多可挂接 110 个设备。CAN 的信号传输采用短帧结构,每一帧的有效字节数为 8 个,因而传输时间短、抗干扰能力强。CAN 支持多主工作方式,网络上的任何阶段均可随时主动向其他节点发送信息,支持点对点、一点对多点和全局广播方式传送信息。它采用总线仲裁技术,当出现几个节点同时在网络上传输信息时,优先级高的节点可继续传输数据,而优先级低的节点则主动停止发送,从而避免了总线冲突。

（3）Lonworks

Lonworks 由美国 Echelon 公司推出，并由 Motorola、Toshiba 公司共同倡导。它采用 ISO/OSI 模型的全部 7 层通信协议，采用面向对象的设计方法，通过网络变量把网络通信设计简化为参数设置。它支持双绞线、同轴电缆、光纤和红外线等多种通信介质，通信速率范围为 300 bit/s～1.5Mbit/s，直接通信距离可达 2700 m(78 kbit/s)，被称为通用控制网络。Lonworks 技术采用的 LonTalk 协议被封装到 Neuron(神经元)的芯片中，并得以实现。采用 Lonworks 技术和神经元芯片的产品，被广泛应用于楼宇自动化、家庭自动化、保安系统、办公设备、交通运输、工业过程控制等领域。

（4）DeviceNet

DeviceNet 既是一种低成本的通信连接，也是一种简单的网络解决方案，有着开放的网络标准。DeviceNet 具有的直接互联性不仅改善了设备间的通信，而且提供了相当重要的设备级诊断功能。DeviceNet 基于 CAN 技术，传输速率为 125～500 kbit/s，每个网络的最大节点为 64 个，其通信模式为生产者/客户(producer/consumer)采用多信道广播信息发送方式。位于 DeviceNet 网络上的设备可以自由连接或断开，不影响网上的其他设备，而且其设备的安装布线成本也较低。

（5）Profibus

Profibus 的特点是可使分散式数字化控制器从现场级到车间级实现网络化，该系统分为主站和从站两种类型：主站决定总线的数据通信，当主站得到总线控制权(令牌)后，即使没有外界请求也可以主动传送信息；从站为外围设备，典型的从站包括输入/输出设备、控制器、驱动器和测量变送器。从站没有总线控制权，仅对接收到的信息给予确认或当主站发出请求时向主站发送信息。

8.2.2　Profibus 现场总线的特点

Profibus 是一种国际化的、开放的、不依赖于设备生产商的现场总线标准，广泛应用于制造业自动化、流程工业自动化和楼宇、交通、电力等其他自动化领域。

Profibus 符合国际标准 IEC61158，是目前国际上通用的现场总线之一，并以独立的技术特点、严格的认证规范、开放的标准和众多的厂家支持，成为现场级通信网络的优先选择。

从用户的角度看，Profibus 提供三种通信协议类型：Profibus-FMS、Profibus-DP、Profibus-PA。

（1）Profibus-FMS

Profibus-FMS 主要用于系统级和车间级的不同供应商的自动化系统之间的数据传输，处理单元级(PLC 和 PC)中的多主站数据通信。

（2）Profibus-DP

Profibus-DP 是一种经过优化的高速通信连接，是为自动化制造工厂中分散的 I/O 设备和现场设备所需要的高速数据通信而设计的。一般构成单主站系统，DP 的配置为主从结构，DP 主站与 DP 从站间的通信基于主-从原理。

（3）Profibus-PA

Profibus-PA 用于过程自动化的现场传感器和执行器的低速数据传输，使用扩展的 Profibus-DP协议。

任务 8.3　工业机器人与 PLC 之间的通信技术

【任务描述】

如图 8-1 所示的自动送料码垛机器人工作站,送料系统采用 PLC 控制,完成送料至传送带,并由传送带输送至机器人搬运位置的任务,机器人则将物料搬运至码垛台并按照设定的码垛规则进行码垛。

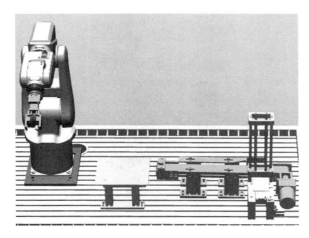

图 8-1　自动送料码垛机器人工作站

随着工业现代化的快速发展,自动化已经成为现代企业中的重要技术之一,智能自动化技术的不断提升,促使生产效率不断提高。机器人被应用在自动化生产线上,作为生产线上的一个从站,和周边的自动化设备相结合,共同完成生产线上的任务,促进了生产设备的柔性化发展,实现了控制精确、抓取快捷、传送到位、放置稳定、使用方便等效果。

8.3.1　自动送料码垛机器人工作站

自动送料码垛机器人工作站主要由自动输送装置将物料从料仓位置输送至机器人搬运位置,码垛机器人将物料从搬运位置提取,然后运送至码垛台位置进行码垛。

1. 自动输送装置

自动送料码垛机器人工作站的自动输送装置主要包括送料单元和输送单元两大部分,该装置将物料从料仓推送到传送带上,再运输至待搬运位置,等待机器人进行搬运。

（1）送料单元

送料单元包括料仓和送料气缸,如图 8-2 所示。当料仓有工件存在且系统需要工件时,送料气缸伸出将工件送至传送带,并告知 PLC 可以进行下一步动作。

（2）输送单元

输送单元包括传送带、末端光电传感器及阻挡装置、步进电动机控制装置,如图 8-3 所示。传送带收到 PLC 发出的有工件同时启动传送带动作指令后,将工件运输至传送带末端,末端

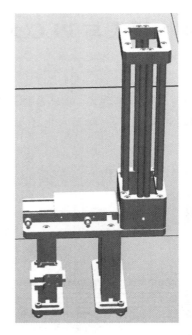

图 8-2　送料单元

光电传感器及阻挡装置检测到工件到位信号后,将信号传送至 PLC,并停止动作。

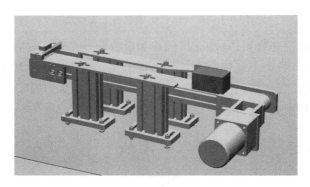

图 8-3　输送单元

2. 码垛机器人系统

码垛机器人采用 ABB 公司的 IRB120 机器人,该机器人凝聚了 ABB 产品系列的全部功能与技术。其结构设计紧凑,几乎可以安装在任何地方,比如工作站内部,机械设备上方,或者生产线上其他机器人旁边。该机器人适合在自动化生产线上使用,是物料搬运码垛和装配的理想选择。

码垛机器人的搬运工具采用平行气爪手,动作灵活,适合于抓取形状规则的工件。

(1) 工具坐标

机器人系统工具坐标设定选用如图 8-4 所示的工具坐标数据。工具重心坐标偏移 $z=80$ mm,工具质量 mass$=1$ kg,坐标原点偏移 $z=160$ mm。

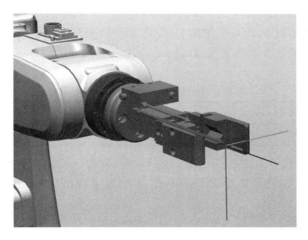

图 8-4　工具坐标数据

（2）轨迹示教点

码垛机器人根据运动轨迹需要示教机器人在传送带上的抓取位置点，在码垛平台上的放置位置点及两者之间的过渡点。码垛轨迹示教点如图 8-5 所示。

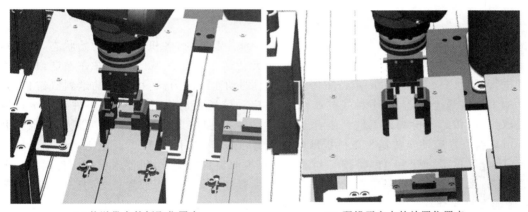

(a) 传送带上的抓取位置点　　　　　　　　(b) 码垛平台上的放置位置点

(c) 过渡点

图 8-5　码垛轨迹示教点

（3）机器人的 I/O 配置

码垛机器人采用 ABB 机器人标配的 DSQC652 I/O 通信板卡进行气爪手的张开和闭合的控制。此 I/O 单元的相关参数需要在 DeviceNet Device 中设置，DeviceNet Device 板参数配置如表 8-2 所示。

表 8-2　DeviceNet Device 板参数配置

Name	Type of Device	Network	Address
Board10	D652	DeviceNet1	10

表 8-3 列出了码垛机器人工作站的 I/O 信号参数配置。在此工作站中需要配置 1 个数字输出信号 doOpen，用于控制气爪手张开的动作，1 个数字输出信号 doClose，用于控制气爪手闭合的动作。

表 8-3　I/O 信号参数配置

Name	Type of Signal	Assigned to Device	Device Mapping
doOpen	Digital Output	Board10	0
doClose	Digital Output	Board10	1

8.3.2　系统工作流程

自动送料码垛系统的工作流程图如图 8-6 所示。起始时，各机构处于初始状态，且送料单元中的料仓有工件存放，处于等待状态，输送单元传送带工作区域已无工件在输送，机器人无工件进行搬运码垛且在 home 点位置等待。此后的动作顺序为：送料单元的送料气缸伸出，将料仓的工件推送至传送带；送料气缸收回，同时启动传送带动作，传送带将工件运送至机器人的提取位置；传感器检测到工件到位，传送带运动停止，且将此信号传递给机器人，机器人开始由 home 点位置运动至传送带工件提取位置上方，打开气爪手，等待 1 s，慢速运行至工件提取位置，闭合气爪手，抓取工件，等待 1 s，慢速移至提取位置的上方；机器人根据工件码垛的要求调整姿态，接着运动至码垛位置的上方，等待 1 s，慢速运动至码垛放置位置，打开气爪手，等待 1 s，慢速上移至码垛位置的上方，移至 home 点位置，等待再次工件到位的信息，进行下一次工件的码垛。这样，一个工作流程就完成了，此过程可以循环进行。

8.3.3　PLC 控制系统

西门子 S7-300 PLC 是模块化小型 PLC 系统，能满足中等性能要求的应用。各种单独的模块之间可进行广泛组合，以构成不同要求的系统。S7-300 PLC 具有多种不同的通信接口，并通过多种通信处理器来连接 Profibus 总线接口和工业以太网总线系统。

1．主控系统选型

本任务选用西门子 S7-300PLC 作为主控系统，其 CPU 类型为 315-2FJ14-0AB0。自动送料码垛系统的送料单元、输送单元中的工件传送过程由该主控 PLC 控制，同时，该主控系统通过 Profibus 总线与机器人进行通信，完成两者之间的信息交互，最终完成系统的码垛任务。

2．主控系统的 I/O 地址分配

主控系统 PLC 的 I/O 信息分两部分，一部分是自动送料系统的控制信息，另一部分是

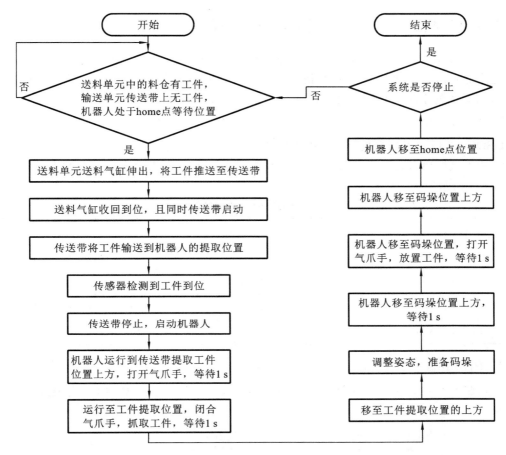

图 8-6　自动送料码垛系统工作流程图

PLC 与机器人通过 Profibus 总线进行通信时的交互信息。PLC 的 I/O 地址分配如表 8-4 所示。

表 8-4　PLC 的 I/O 地址分配

输入地址	说　明	输出地址	说　明
I0.0	启动按钮	Q14.0	机器人启动
I0.1	停止按钮	Q14.1	告知机器人传送带提取位置有工件
I0.2	复位按钮	Q0.2	传送带启动
I0.4	送料气缸伸出位置	Q0.3	送料气缸伸出动作
I0.5	送料气缸收回位置	Q0.4	送料气缸收回动作
I0.6	传送带提取位置有工件		
I14.1	机器人在 home 点位置		

8.3.4　机器人与 PLC 之间的通信设置

机器人系统通过使用 ABB 公司标配的 DSQC667 模块与 PLC 进行信息交互。DSQC667 模块支持 Profibus 总线与 PLC 进行快捷的和大数据量的通信。在 Profibus 总线通信过程中 PLC 作为系统的主站,而机器人作为其中一个从站存在。

1. DSQC667

DSQC667 模块安装在机器人电控柜中的主机上,最多支持 512 个数字输入和 512 个数字输出。使用该模块需要在机器人系统中对其进行相应的配置,需要配置的参数名称及含义说明如表 8-5 所示。

表 8-5　DSQC667 配置参数及含义

参 数 名 称	设 定 值	说 明
Name	Profibus8	设定 I/O 模块在系统中的名字
Type of Device	DP_SLAVE	设定 I/O 模块的类型
Network	Profibus1	设定 I/O 模块连接的总线
Profibus Address	8	设定 I/O 模块在总线中的地址

2. Profibus 模块的配置

首先在机器人示教器上的"ABB 主界面"选择如图 8-7 所示的 Profibus 适配器配置的进入界面。

图 8-7　Profibus 适配器配置的进入界面

选择"控制面板"选项,进入图 8-8 所示的系统参数配置界面。

图 8-8　系统参数配置界面

选择"配置"选项,进入图 8-9 所示的总线配置界面。

图 8-9　总线配置界面

双击"PROFIBUS Device",进入图 8-10 所示的 I/O 模块添加界面。

确认系统中已有"PROFIBUS Device"选项,点击"添加",进入图 8-11 所示的配置 Profibus 通信模块参数的界面。在此界面将表 8-5 所示的参数依次添加进去。

点击"PROFIBUS Address"设置该网络在总线网络上的地址(10～63 可用)。将"Input

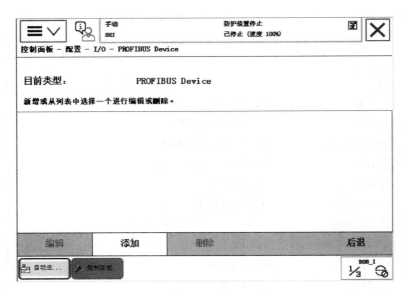

图 8-10　I/O 模块添加界面

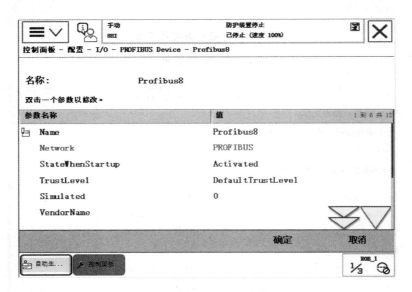

图 8-11　配置 Profibus 通信模块参数的界面 1

Size"和"Output Size"设定为 64,如图 8-12 所示。这样,数字输入信号为 512 个,数字输出信号为 512 个。

点击"确定",示教器界面提示控制器重启信息,单击"是"。系统重启,完成配置。

3. Profibus 通信中的 I/O 信号配置

在此模块上设定 I/O 信号的方法与 ABB 标准的 I/O 模块一致。需要注意的是,在"Assigned to Device"中选择"Profibus8",以便将此信号与此 Profibus 模块关联起来。

码垛机器人需要与主控 PLC 交互的 I/O 信息有:1 个输出信息,为机器人已在 home 点位置准备好的 dohome 信号;1 个输入信息,为机器人接收到的系统启动信号;还有 1 个输入信

图 8-12　配置 Profibus 通信模块参数的界面 2

息,为机器人接收到系统给出的传送带提取位置有待提取工件的信号。机器人与 PLC 之间通信的 I/O 信息如表 8-6 所示。

表 8-6　机器人与 PLC 之间通信的 I/O 信息表

Name	Type of Signal	Assigned to Device	Device Mapping
dohome	Digital Output	Profibus8	0
distart	Digital Input	Profibus8	0
dipick	Digital Input	Profibus8	1

4. 主控 PLC 的 Profibus 总线通信配置

在 PLC 的组态软件中添加组态文件"Anybus-CCPROFIBUS DP-V1",即可完成总线通信配置。

习　　题

一、简答题

1. 简述现场总线通信技术的概念和特点。

2. 常用的现场总线类型有哪些?

3. Profibus 现场总线的特点有哪些?

4. 工业机器人在 Profibus 现场总线通信中处于何种地位?

5. 如何设置工业机器人的 Profibus 总线通信?

二、实操题

1. 分析工业机器人与 PLC 之间的通信特点,进行 Profibus 通信配置。

2. 分析工业机器人与 PLC 之间的通信特点,完成系统的硬件测试、I/O 配置、程序编写的任务,实现系统的正常工作。

参 考 文 献

[1] 韩建海.工业机器人[M].3版.武汉:华中科技大学出版社,2013.

[2] 郭洪红.工业机器人技术[M].2版.西安:西安电子科技大学出版社,2012.

[3] 兰虎.工业机器人技术及应用[M].北京:机械工业出版社,2014.

[4] 董欣胜,张传思,李新.装配机器人的现状与发展趋势[J].组合机床与自动化加工技
     术,2007(8):1-4,13.

[5] 卢本,卢立楷.汽车机器人焊接工程[M].北京:机械工业出版社,2005.

[6] 董春利.机器人应用技术[M].北京:机械工业出版社,2015.

[7] 殷际英,何广平.关节型机器人[M].北京:化学工业出版社,2003.

[8] 徐元宣.工业机器人[M].北京:中国轻工业出版社,1999.

[9] 王保军,滕少锋.工业机器人基础[M].武汉:华中科技大学出版社,2015.

[10] 孙树栋.工业机器人技术基础[M].西安:西北工业大学出版社,2006.

[11] 张建民.工业机器人[M].北京:北京理工大学出版社,2011.

[12] 朱世强,王宣银.机器人技术及其应用[M].杭州:浙江大学出版社,2001.

[13] 叶晖,管小清.工业机器人实操与应用技巧[M].北京:机械工业出版社,2010.

[14] 刘极峰.机器人技术基础[M].北京:高等教育出版社,2006.

[15] 吴振彪,王正家.工业机器人技术[M].武汉:华中科技大学出版社,2006.

[16] 胡伟.工业机器人行业应用实训教程[M].北京:机械工业出版社,2015.

[17] 叶晖.工业机器人典型应用案例精析[M].北京:机械工业出版社,2013.

[18] 叶晖.工业机器人工程应用虚拟仿真教程[M].北京:机械工业出版社,2013.

[19] 何用辉.自动化生产线安装与调试[M].北京:机械工业出版社,2011.

[20] 陈善本.智能化焊接机器人技术[M].北京:机械工业出版社,2006.

[21] 梁涛,杨彬,岳大为.Profibus现场总线控制系统的设计与开发[M].2版.北京:国
     防工业出版社,2013.

[22] 阳宪惠.工业数据通信与控制网络[M].北京:清华大学出版社,2003.

[23] 周鸣,曲凌.Profibus总线技术及其应用[J].煤炭工程,2006(4):99-101.

[24] 中华人民共和国国家发展和改革委员会.中华人民共和国机械行业标准[M].北
     京:机械工业出版社,2008.

[25] 向晓汉.西门子PLC工业通信完全精通教程[M].北京:化学工业出版社,2014.

[26] 向晓汉,陆彬.西门子PLC工业通信网络应用案例精讲[M].北京:化学工业出版
     社,2011.

[27]　向晓汉.PLC 控制技术与应用[M].北京:清华大学出版社,2010.

[28]　廖常初.西门子工业通信网络组态编程与故障诊断[M].北京:机械工业出版社,
　　　2010.

[29]　张运刚,宋小春.从入门到精通——西门子工业网络通信实战[M].北京:人民邮电
　　　出版社,2007.

[30]　崔坚.西门子工业网络通信指南[M].北京:机械工业出版社,2005.